U0268591

建筑塔式起重机
卫星定位智能监控技术

Satellite Positioning Intelligent Mointoring Technology
for Construction Tower Crane

周命端　姬旭　徐翔　著

中国建筑工业出版社

图书在版编目（CIP）数据

建筑塔式起重机卫星定位智能监控技术 ＝ Satellite Positioning Intelligent Mointoring Technology for Construction Tower Crane / 周命端，姬旭，徐翔著 . —北京：中国建筑工业出版社，2023.5
ISBN 978-7-112-28607-2

Ⅰ. ①建… Ⅱ. ①周… ②姬… ③徐… Ⅲ. ①全球定位系统－应用－建筑机械－塔式起重机－智能系统－监控系统－研究 Ⅳ. ①TH213.3-39

中国国家版本馆 CIP 数据核字（2023）第 063411 号

本书系统性地介绍了基于卫星定位的建筑塔式起重机智能监控系统关键技术与方法、系统硬件装置组装以及系统软件设计与开发，主要内容包括：阐述了卫星定位高频数据单历元监控算法，基于高频数据的单历元定位数学模型，探讨了几种典型的高频数据单历元整周模糊度快速确定算法，提出了适用于 BDS 系统的高频数据单历元快速确定算法（BDS_DUFCOM 方法和 BDS_FARSE 算法）；发明创造了一系列建筑塔式起重机智能监控卫星定位方法及装置，为建筑塔式起重机智能监控系统实现提供一种全新的高精度卫星定位解决思路；从建筑塔式起重机的塔顶位置和臂尖位置入手，分别建立了塔顶卫星定位动态检测预警模型和臂尖卫星定位动态监测预警模型；在此基础上，基于卫星定位智能监控模型与方法，利用云端服务器技术和 5G 移动通信技术，从系统硬件装置组装和系统软件设计与实现两个方面，研制了建筑塔式起重机卫星定位智能监控云端系统，为建筑塔式起重机安全运行状态智能监控领域提供一种卫星定位高精度智能化云端解决方案。

责任编辑：李玲洁 王 磊
责任校对：孙 莹

建筑塔式起重机卫星定位智能监控技术

Satellite Positioning Intelligent Mointoring Technology
for Construction Tower Crane

周命端 姬 旭 徐 翔 著

*

中国建筑工业出版社出版、发行(北京海淀三里河路9号)
各地新华书店、建筑书店经销
北京红光制版公司制版
北京圣夫亚美印刷有限公司印刷

*

开本：787 毫米×1092 毫米 1/16 印张：10 字数：243 千字
2023 年 5 月第一版 2023 年 5 月第一次印刷
定价：**45.00** 元
ISBN 978-7-112-28607-2
（40863）

前　　言

随着我国建(构)筑物楼宇群建设规模和密集程度的逐渐扩大以及先进高新科学技术和手段的不断进步,建筑施工行业逐步加大了塔式起重机投入使用的频率和周期,推动了施工现场塔式起重机安全运行状态监控智能化、数字化,高新科学技术和手段逐步代替传统人工值守模式的大型化、工程化的应用发展。针对塔式起重机安全运行状态监控系统关键技术和方法的研究一直是建筑施工行业起重机械领域长期关注且亟需解决的重点课题。

针对塔式起重机在施工现场投入运行面临着高密度布放、重强度作业、大重量承载、全方圆吊装、狭小空间运行等突出特点,在高空交叉重叠混杂的作业环境下,一旦发生起重机械故障、吊运物料脱落、塔式起重机与周围建(构)筑物之间或塔式起重机群之间发生碰撞,将会影响建筑工程的施工进度,甚至还会造成重大的人员伤亡和严重的经济损失,势必造成不良的社会影响。当前,塔式起重机安全运行状态监控手段仍然以传统的人工值守为主、以安全监控系统为辅。这种方式自动化程度低、对人员的专业技能要求高、缺乏智能化水平且监控精度低等,难以完全保障塔式起重机的安全运行。近年来的塔式起重机运行安全事故频发,加强塔式起重机的精细化管理和安全监控显得极其重要。

随着物联网技术的不断发展,对塔式起重机安全运行状态进行实时监测和精准管控,并对塔式起重机运行过程的重要参数和工作状态进行记录的在线精细化管理技术也在不断发展,塔式起重机安全监控系统应运而生,并得到一定程度上的发展和应用。随着现代科学技术的发展而建立起来的新一代全球卫星导航系统(Global Navigation Satellite System,GNSS),包括美国的GPS、俄罗斯的GLONASS、中国的BDS、欧盟的Galileo、日本的QZSS以及印度的IRNSS等,能够向用户提供高精度的卫星定位服务能力。因此,本书考虑到卫星定位方法具有先天独特的优势,将卫星定位方法应用于塔式起重机安全运行状态监控中,致力于塔式起重机卫星定位智能监控系统关键技术与方法、系统硬件装置组装以及系统软件设计与开发的研究,研制出一种塔式起重机卫星定位智能监控系统,为塔式起重机安全运行状态监控领域提供一种基于卫星定位的高精度智能化云端解决方案,对于提高塔式起重机精细化管理水平和智能化精准管控水平具有重要的现实意义和实用价值。

本书共分七章:

第1章:绪论。系统地阐述基于卫星定位的塔式起重机智能监控系统关键技术与方法的研究背景及意义,综述国内外有关塔式起重机安全运行状态监控系统关键技术的研究现状及发展趋势,指出当前卫星定位智能监控技术和方法存在的不足或尚待改进完善的科学技术问题,阐述本书研究工作的必要性和先进性,最后简要给出本书的研究目标、研究内容、技术路线和应用前景。

第2章:卫星定位高频数据单历元监控算法。从载波相位观测值的概念出发,阐述载波相位高精度卫星定位方法,建立对应的载波相位差分观测方程,基于高频数据的单历元定位数学模型,探讨了几种典型的高频数据单历元快速确定算法,包括LAMBDA算法、

3

MLAMBDA 算法、DUFCOM 算法、单历元 DC 算法及扩展和 FARSE 算法，在此基础上，提出 BDS 高频数据单历元快速确定算法，包括 BDS_DUFCOM 方法和 BDS_FARSE 算法。最后，从算法的可用性分析和监控精度分析两个方面进行验证及性能评估，为建筑塔式起重机用卫星定位智能监控提供一种实时高精度强可靠的卫星定位高频数据单历元监控算法。

第 3 章：智能监控卫星定位方法及装置。首先公开了一种建筑塔式起重机用单历元双差整周模糊度快速确定方法及装置，结合建筑塔式起重机智能监控可靠性的实际应用需求，发明创造了一种建筑塔式起重机用单历元双差整周模糊度解算检核方法及装置。而后，为满足建筑塔式起重机卫星定位智能监控系统研制需求，分别发明创造了塔顶位置卫星定位三维动态检测与分级预警装置、臂尖卫星定位动态监测方法和系统、横臂位置精准定位可靠性验证方法等关键技术。在此基础上，给出了吊钩位置卫星定位方法及系统以及吊钩位置精准定位可靠性验证系统等关键技术用于吊钩位置精准定位。本章所提出的一系列智能监控卫星定位方法体系为建筑塔式起重机卫星定位智能监控系统研制提供了一种全新的具有创造性的高精度卫星定位解决思路。

第 4 章：塔顶卫星定位智能检测预警模型。基于高频数据的单历元定位数学模型，提出一种基于历元位置偏差的塔顶位置三维位移检测参数及预警参数构造方法，从检测参数设计和预警参数设计两个角度研发基于卫星定位的建筑塔式起重机塔顶位置智能检测预警模型，开发一种建筑塔式起重机塔顶位置卫星定位智能检测预警技术，并验证塔顶位置卫星定位智能检测预警模型设计的可行性和有效性。

第 5 章：臂尖卫星定位动态监测预警模型。基于高频数据的单历元定位数学模型，提出一种基于历元位置偏差的臂尖垂向位移监测参数及预警参数构造方法，从监测参数设计和预警参数设计两个角度研发基于卫星定位的建筑塔式起重机臂尖位置动态检测预警模型，开发一种建筑塔式起重机臂尖位置卫星定位动态监测预警技术，并验证臂尖位置卫星定位动态监测预警模型设计的可行性和有效性。

第 6 章：卫星定位智能监控装置与系统实现。针对传统的建筑塔式起重机安全监控系统尚未使用卫星定位测量型模块传感器或仅利用卫星定位伪距观测值的低精度监控服务技术，这难以满足建筑塔式起重机精准监控高精度应用需求，提出开发一种建筑塔式起重机用卫星定位载波相位观测值的高精度智能监控服务技术。基于卫星定位智能监控模型与方法，给出单历元智能监控的数学模型和方法流程，并利用 5G 移动通信技术无线传输各站的监控数据进行卫星定位信号多路接收，在云端服务器实现卫星定位智能监控装置组装链路关系的构建，最终构成卫星定位智能监控装置；然后，从系统总体设计、系统硬件装置和系统软件开发等方面，研制基于卫星定位的建筑塔式起重机智能监控装置与云端系统，为建筑塔式起重机安全监控提供一种云端在线精细化管理平台。

第 7 章：总结与展望。对全书的研究内容进行系统性总结与概括，高度凝练本书的研究成果，提炼本书的创新点与特色，最后对今后的研究工作进行展望。

本书的主要对象可以面向普通高等学校测绘类专业师生，可为高校师生研究卫星定位理论与技术提供有益参考，也可为高校师生研究卫星定位方法在建筑施工行业尤其是建筑起重机械技术领域提供一个有益的应用案例；可以面向建筑施工行业相关技术人员及工程施工监管人员，本书关于建筑塔式起重机智能监测的相关技术与方法可为他们提供参考书籍；可以面向对建筑塔式起重机监测检测领域感兴趣的科技工作者，本书关于集成卫星定位传感器、计算机网络技术和无线通信技术以及多传感器集成于一体的智能监测技术与方法可为他们提供有益参考。

本书的出版得到了国家重点研发计划项目（2017YFB0503700）、北京市优秀人才培养资助项目（2014000020124G058）、北京市教委科技计划一般项目（SQKM201710016005）、北京市教育科学"十四五"规划2021年度一般课题（ACDB21190）和北京建筑大学"双塔计划"主讲教师支持计划项目（YXZJ20220806）等的联合资助，在此一并表示感谢。

由于作者水平有限，加之时间仓促，书中难免存在诸多不足和不妥之处，敬请各位师者批评指正。本书是以作者近几年来的科研成果为主体内容撰著的。值此本书付梓之际，感谢在科研成果研究过程中给予宝贵建议和意见的北京建筑大学杜明义教授、王坚教授、罗德安教授、周乐皆副教授、丁克良副教授、谢贻东高级工程师以及卫星定位课题组成员崔立锟、白岩松、付静弘怡、师佳艺、张文尧、卢正场、赵成思、赵渊、王家兴、马博泓等同学，衷心感谢在工作岗位上给予大力支持和无私帮助的北京建筑大学同仁们。

目　　录

第1章 绪 论

1.1 研究背景及意义

起源于西欧的塔式起重机（Tower Crane，TC）是一种可用于（超）高层建筑物、（特）大型桥梁、高速铁路、大型水利水电、遗址保护建筑等工程建设施工中垂直和水平输送物料的起重机械特种设备，简称塔吊或塔吊机。塔式起重机主要由金属结构、工作机构和电气系统三部分组成。其中，金属结构包括塔身、动臂（横臂）和底座（塔基）等；工作机构包括起升机构、变幅机构和回转机构等；电气系统包括电动机、控制器、配电柜、连接线路、信号及照明装置、安全监控系统等。塔式起重机具有变幅长、塔身高、吊装重、全方圆、作业效率高等先天优势，在现代化装配式建筑施工领域中获得了广泛应用。截至2022年底，全国在役塔式起重机200多万台，且保持着数量逐年增加的发展趋势，说明我国工程建设行业对塔式起重机的绝对需求。然而，塔式起重机在狭小的施工场地高密度布放、重强度作业、大重量承载、全方圆范围内进行吊装作业，在高空吊装物料处于交叉重叠混杂的作业环境中，属于一种安全事故发生概率较高的起重机械特设设备（张建荣等，2021），也属于建筑施工现场重大危险源之一（张阳，2020）。据不完全统计，2012—2022年的十年里，全国发生建筑塔式起重机安全事故统计如图1-1所示。

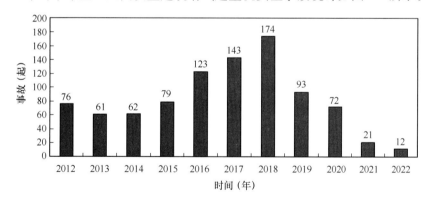

图1-1 2012—2022年全国发生建筑塔式起重机安全事故统计（刘晨等，2020）

由图1-1可以看出，建筑塔式起重机安全事故频发很大程度上造成了重大的人员伤亡和财产损失，这对我国建筑施工行业的健康可持续发展以及塔式起重机安全监控智能化战略长远发展产生了深远的影响。住房和城乡建设部公告第1364号发布行业标准《建筑机械使用安全技术规程》JGJ 33—2012，规定："……机械上的各种安全防护及保险装置和各种安全信息装置必须齐全有效……"。基于安全装置对塔式起重机使用过程和行为及时进行有效的检测和监测，才能切实控制塔式起重机运行过程中的危险因素和安全隐患，预防和减少塔式起重机安全事故发生。因此，针对塔式起重机的使用安全性及安全保护装置的可靠性提升正是塔式起重机安全运行状态监管行业亟待解决的难点问题。近年来，塔式起重机安全运行状态智能监控已成为保证塔式起重机可靠工作的重要手段和研究热点（Li et al.，2012；Sleiman et al.，2016；欧壮壮，2022），同时运行状态智能监控对于监控点定位的准确性和可靠性是塔式起重机智能监控系统的重要特点（周命端等，2018）。随着（超）高层建筑物的蓬勃兴起，塔式起重机走向大型化、智能化方向发展势在必行。其中，智能型特征将成为未来塔式起重机发展的必然。因而对塔式起重机安全运行状态监控点的精准定位及可靠性判定将提出更高要求。因此，本书研究基于卫星定位的塔式起重机智能监控系统关键技术和方法及系统研制是非常必要的，具有重要的研究价值和现实意义。

全球卫星导航系统（Global Navigation Satellite System，GNSS）接收机是塔式起重机安全运行状态智能监控的重要传感器之一。鉴于传统的塔式起重机安全监控系统尚未使用卫星定位传感器或仅利用卫星定位伪距观测量的低精度监控服务，这难以满足塔式起重机精准智能监控的实际需求。事实上，塔式起重机安全监控关键监测点精准定位是建立塔式起重机智能监控系统的关键技术之一（Guo et al.，2013；邱兰馨等，2017；周命端等，2018；张充等，2021），且卫星定位方法又具有先天独特的技术优势，建立基于塔式起重机运动状态约束的卫星定位单历元模型与算法，针对塔式起重机智能监控系统中关键监测点精准定位的精度和可靠性进行深入研究与分析，不仅可以为我国自主设计和研发塔式起重机卫星定位智能监控系统提供科学依据，也有助于塔式起重机安全运行状态标准的制定与性能改善，无论从理论算法的科学角度，还是从技术创新的应用角度，都具有十分重要的现实意义和实用价值，为塔式起重机安全监控领域提供一种全新的卫星定位高精度、高可靠性的智能化解决方案。

1.2 国内外研究现状及发展趋势

目前，关于建筑塔式起重机安全监控系统中监测点位精准定位的研究主要关注两个方面：一是传感器的选型；二是传感器的性能。近年来，国内外研究机构已经对该研究方向做了较多的工作。国外典型的研究机构包括：德国的 LIEBHERR 公司和 WOLFF 公司，法国的 POTAIN 公司，意大利的 SIMMA 公司等研究团队（LIEBHERR，1997；余向阳，2012）。他们根据自家的塔式起重机产品特征，研制了配套的塔式起重机安全保护装置，代表着国际上塔式起重机研发和生产最先进技术。例如：德国的 LIEBHERR 公司的塔式起重机，研制有 LIKAS 系列塔式起重机电子监控系统，采用激光装置定位吊装物的重心位置，依靠超声波传感器引导取物装置吊装货物。国内的塔式起重机及安全管控产品研制起步较晚，例如：德业电子的 DYL-I 型塔式起重机安全监控系统；林丰电子的 LF-V600 建筑机械可视化安全监控系统和 LF-110S 型塔式起重机安全监控系统；凯德尔的 HMS8000-TC 型塔式起重机安全监控管理系统：集回转、幅度、高度、重量、力矩、风速、倾角等传感器于一身。国内产品与国外相比，仍有较大差距，最主要问题是可靠性和稳定性不能适应塔式起重机复杂的工作环境，应用性能有待提高。减少监控误差以提高系统精度是改进塔式起重机安全总体解决方案的措施之一，主要依赖于建立准确的数学模型（阎玉芹，2011；Koumboulis et al.，2016）。

针对建筑塔式起重机安全监控技术的研究，国内众多专家学者开展并取得了一系列的研究成果。周庆辉等（2022）提出了一种基于改进的学习矢量量化（LVQ）人工神经网络模型，实现了对塔式起重机运行安全状态的智能检验；王祥等（2022）对塔式起重机负载进行精确定位及防摆控制，提出了一种基于滑模自抗扰控制（SM-ADRC）的变绳长塔机防摆控制方法；郑宏远等（2022）针对传统的塔式起重机在作业过程中，存在作业效率低、有安全隐患、塔机检修困难等问题，探讨了塔式起重机智能化所需的关键技术；韩亚鹏等（2022）针对当前许多施工现场塔式起重机装有安全监控系统实时进行安全评估时无法快速获得结构应力谱的问题，提出一种快速获取塔机应力谱方法；韦晨阳等（2022）针对发生在塔身中部的碰撞危害性更大而对塔身的薄弱结构进行了改进设计；薛宝川等（2021）提出要加大对重型设备的科技投入，加强各级的监管力度，完善安全责任制度，避免发生安全事故；张远念等（2021）针对塔式起重机软弱基础，提出利用 CFG 桩复合地基技术进行加固处理；杨帆（2021）对部分结构尝试进行改进优化，提升了塔式起重机的安全性；张伟等（2021）提出了一种基于物联网的塔式起重机安全监控系统，通过设置安全指标，可以实时监控塔式起重机的结构和作业状态；吕明灯等（2021）分析了塔式起重机在多阵风地区使用时采取的技术措施，从塔式起重机造型、基础设计、附墙设计及使用维护等方面进行重点考虑，确保塔式起重机使用的安全性；赵显亮等（2021）总结了塔式起重机在使用过程中容易被使用单位忽略的几种常见隐患，并针对各类隐患提出针对性的预防措施；顾雯雯等（2021）设计了一种起重机吊臂倾角检测装置，用于测量吊臂的举升作业角度，实现无人监控环境下的自动检测和对举升角度的监控，解决了塔式起重机缺乏自我监测和智能化控制的问题；肖辉等（2020）建立了一种有限元模型分析和解决故障的方法，为塔式起重机结构设计和故障诊断提供一种高效的计算方法；董明晓等（2020）基于 ANSYS 软件建立塔式起重机结构的有限元模型，获得了起重臂与结构的有限元模型；刘海龙等（2020）设计开发了一种基于北斗卫星定位技术的塔式起重机群在线监测与控制系统，通过对塔式起重机的运动重要参数实时在线监控，可以有效预防塔式起重机碰撞的危险；王平春等（2020）探讨了安全监控系统以及可视化吊装系统工作达到的效果，以减少和预防塔吊安全事故的发生；陶阳等（2020）针对塔式起重机和塔式起重机与障碍物间的碰转问题，探讨了一种适用于塔式起重机工作特点的短距离无线传输和组网技术，开发塔式起重机防碰监控系统软件，对数据进行实时上报；彭浩等（2020）基于平行系统理论，依托 Unity 3D 引擎设计开发塔式起重机虚拟监控系统，该系统可实时对任意塔式起重机任意视角进行可视化虚拟监控；解中鑫等（2020）通过将云计算技术与起重机监控系统有机结合，形成智能化塔式起重机运行系统；刘立国（2020）设计了一种基于 SDP 处理器＋CAN 总线的塔式起重机防碰撞系统，通过传感器对障碍物的静态和动态信息采集有效地实现预防塔式起重机之间的防碰撞；宋红景等（2020）通过在每一个建筑塔式起重机上安装一套辅助驾驶系统，实时采集塔式起重机群运行参数，基于 Lora 通信自行判断预警区域，起到防止塔吊碰撞和保护塔吊司机生命安全的作用；孙缙环等（2019）围绕建筑工程塔式起重机施工安全监督管理问题进行分析，最大程度降低塔式起重机施工安全事故的发生频率；褚士超（2019）提出从塔式起重机的基础检测、塔式起重机的高强度螺栓检测、塔式起重机的起重臂检测以及塔式起重机附墙等检测方面入手，实现对塔式起重机的全面检测，降低安全事故的发生；高广君（2019）对台风受损的高层建筑塔式起重机高空拆除与风险控制进行相关方面的分析和探讨；刘智等（2019）提出了一种基于 NB-IoT 塔基运行安全监测方案，通过传感器技术对塔基运行过程中的多个实时参数进行采集，降低了人为操作导致的塔式起重机事故的发生；王冬等（2019）对 GPS 技术在塔式起重机上远程定位系统的应用情况进行了分析，提出了强化 GPS 技术应用的具体措施；张大斌（2019）通过分析 2011—2018 年的塔式起重机的较大事故，总结了事故的特性，提出了针对性的防治措施；段海等（2019）通过引进 BIM、WSN 等技术，将塔式起重机防碰撞系统实现现场安全监控，形成一套安全管理实施监测与预警的管理及应用体系；周海燕等（2019）基于 GPS-RTK 的塔吊自动化控制与监控系统紧跟"物联网"趋势，结合 GPS-RTK 提供的精密定位技术应用于施工机械智能控制和安全监控；何文豪（2019）设计了一款高度集成的电气控制系统方案，将采集的工作姿态、安全报警状态和控制运行状态呈现给操作者，避免了塔式起重机操作过程中出现的不规范操作的问题；张明展（2018）提出全过程塔式起重机安全监测系统，对人为不安全因素和物的不安全状态的全过程、全方位监控；吕军等（2018）提出了一种基于人脸特征识别技术的实名制管理和安装，使用一体化安全监控策略，解决无法有效监管建筑工地塔吊的问题；陈强强等（2018）通过惯性器件/GPS 超紧组合工作模式，搭建了基于 GPS 塔类结构变形的远程动态监测，通过实验得到监测角度精度可达 $0.01°$，线性变形精度可达 1 mm；何永超（2017）对成像遥测技术与 GPS 模块的作用进行了总结，并对施工安全管理进行探讨；马禾耘等（2017）分析了机械式安全保护装置与电子式监控系统的利弊，提出科学安全的管理措施；陈勇（2017）应用 Web 技术实现对塔基受力构件的智能检测，对系统收集的信息数据进行预警和告知处理，及时消除系统隐患，确保塔基安全运行；杨帆（2018）针对部分结构尝试改进优化，以提升塔式起重机的安全性；贺凌云等（2018）通过将本体方法引入到管理安全知识领域，开发法式起重机的安全管理知识库，实现对塔式起重机安全管理知识的规范化获取和表达；亢荣凯（2018）通过详细讨论起重机在设计、制造、使用环节存在的问题，以降低起重机安全事故发生的概率；周命端等（2019）提出一种基于 GNSS 精密定位方法，并开发了一套基于 GNSS 塔基吊装作业定点放样的辅助系统；宾泽民（2016）设计了塔式起重机安全监控仪，采用 GPRS 网络进行远程通信，在精度和速度上达到了预期的目的；张冬（2016）研发了一种基于 ARM 和 ZIGBEE 无线网络的塔式起重机智能监控系统，并且具备 GSM 远程通信和 SD 卡数据储存功能，以保证塔式起重机的操作运行安全；李西平等（2016）通过构建基于超声时序神经网络目标识别的塔式起重机安全预警系统，实现扭转角和障碍物信号的采集、数据融合和主动预警功能，实现塔式起重机失稳和预防碰撞的安全预警功能。综上所述，建筑塔式起重机安全监控系统是集嵌入式、物联网、智能传感、智能分析、云平台等多种高新技术于一体的新型管理系统，也应当是各部门提高监控效率，降低监管成本，提高监管覆盖率切实有效的手段。建筑塔式起重机安全监控系统发展趋势如图 1-2 所示。

由图 1-2 可知，建筑塔式起重机安全运行状态的位置定位主要依靠传感器实现。例如：具有不同原理的倾角传感器、里程计、卫星定位模块等传感器类型。卫星定位模块作为一种新型传感器，市面上有导航型和测量型。导航型模块是目前塔式起重机运行状态安

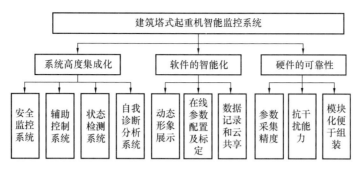

图 1-2 建筑塔式起重机安全监控系统发展趋势

全监控重要传感器之一,现有的应用模式是基于伪距的米级精度位置定位(汪伟等,2005;Yun et al.,2008;Salar,2014)。目前针对导航型模块应用涉及的定位理论和算法大多已经实现,也获得了良好的应用效果,但是在实际应用中仍然具有一定的局限性:

(1)大多数对于塔式起重机安全监控系统中位置定位的研究是基于这一假设:塔式起重机系统是在人工值守工作环境下进行的,塔式起重机监测点位置定位精度要求不高,基于伪距的导航型 GNSS 定位米级精度就能满足传统的塔式起重机安全监控需求;

(2)随着建筑行业的蓬勃发展以及人工智能技术快速发展,塔式起重机向大型化和智能化方向发展势在必行,基于伪距的导航型 GNSS 定位因精度低将不适应智能型塔式起重机发展要求。

随着(超)高层建筑的不断兴起,对塔式起重机运行状态安全监控位置定位的精度和可靠性也提出了更高要求。因此,本书重点探讨建筑塔式起重机卫星定位测量型传感器应用性能,对定位的精度和使用的可靠性进行深入论述。

在测绘精密定位领域,测量型卫星定位接收机应用广泛,可以利用载波相位观测值实现高精度位置服务。基于测量型 GNSS 精准定位塔式起重机运行状态安全监控的位置参数,在整周模糊度正确确定情况下,理论上完全可以获得厘米级的高精度定位结果,这正切合智能型建筑塔式起重机监控技术发展的要求。因此,融合机械学科与测绘学科各自优势,探讨一种基于卫星定位载波相位观测值的建筑塔式起重机运行状态安全监控高精度位置服务模式,取代基于伪距的传统定位精度为米级应用模式,这正是多学科交叉融合的必然趋势。在建筑塔式起重机安全监控系统的各种特性中,安全性和可靠性十分重要。针对 GNSS 高精度位置定位应用,载波相位观测值存在整周模糊度未知的关键问题。只有正确确定整周模糊度,才有望实现厘米级位置定位精度(Guo,Zhou,2014)。动态定位中 GNSS 整周模糊度的快速求解一般经历两个过程:①坐标与模糊度参数的强共线性造成最小二乘浮点模糊度解精度很差,必须采用稳定算法才能求得较高精度的浮点模糊度,例如:对于法方程病态情况,利用正则化算法求解,可取得显著改进效果(Shen et al.,2007);②采用高效率的模糊度搜索策略。针对这两个过程,在一定程度上②可以弥补①的不足(李博峰等,2009)。因此,当提高浮点模糊度解算精度受局限时,如何进行快速模糊度搜索一直是卫星定位领域研究的热点,国内外学者提出了最小二乘搜索法(Hatch,1990)、FARA 法(Frei et al.,1990)和 LAMBDA 法(Teunissen,1994)以及 MLMABDA 法(Chang et al.,2005;Verhagen et al.,2013)等,这些算法大多是利用多个历元数据进行模糊度快速解算的。多个历元数据势必不能忽略周跳的探测与修复工作（刘星等，2018）。事实上，塔式起重机运行状态所处工作环境十分复杂，测量型定位模块应用于塔式起重机安全监控中更容易发生周跳现象。为避开周跳的探测与修复工作，1993年Cross P. A等人首次提出利用单历元数据进行模糊度快速解算（Cross et al.，1993）。相比多历元定位算法，单历元定位算法鉴于对环境的适应能力强，更适合于塔式起重机运行状态安全监控的工作环境。国内外学者对单历元定位算法开展了诸多研究，提出了LMS法（Pratt et al.，1998）、双频P码法（Sjoberg，1998）、DUFCOM法（孙红星等，2003）、DC法（王新洲等，2007）、FARSE算法（郭际明和周命端等，2014）等。近几年，面向某些实际应用，学者们针对附有约束条件的单历元模糊度快速算法进行了大量研究（李征航等，2007；陈炳权等，2014；Deng et al.，2014；张书毕等，2017；Wang et al.，2017；杨阳阳，2017）。但上述传统的算法应用于建筑塔式起重机安全运行状态智能监控模型求解还存在以下问题（孙红星等，2003；Guo et al.，2013，2014；GB/T 37366—2019，2019；S. L. Zhu et al.，2021）：

（1）传统的FARSE算法中相位观测值平差值域模糊度初值精度低，难以准确确定模糊度误差带的带长和带宽，造成模糊度搜索耗时而效率低；

（2）《塔式起重机安全监控系统及数据传输规范》GB/T 37366—2019规定："在运行周期内，系统对塔式起重机传感器信息的采集周期应不大于100ms"。然而，利用GNSS传感器进行高精度监测模型快速求解算法目前难以满足高频采样（小于或等于100ms）数据实时处理需求；

（3）利用GNSS高频数据定位模型解算结果应用于建筑塔式起重机智能监测系统中尚缺乏模型参数设计以及对应的可靠性判定机制；

（4）利用GNSS技术建立的建筑塔式起重机智能监控模型有待深入研究与完善。

本书致力于解决上述问题，为建筑塔式起重机卫星定位智能监控系统提供一种高精度强可靠的卫星定位高频数据单历元智能监控算法。

1.3　研究目标

本书致力于建筑塔式起重机卫星定位测量型传感器精准监控技术研究，形成建筑塔式起重机卫星定位智能监控技术体系。研究目标如下：

（1）在分析几种典型的高频数据单历元快速确定算法基础上，提出BDS高频数据单历元快速确定算法，基于高频数据的单历元定位数学模型，构建卫星定位高频数据单历元监控算法，为建筑塔式起重机用卫星定位智能监控提供一种实时高精度强可靠的卫星定位单历元监控算法；

（2）发明创造一系列建筑塔式起重机智能监控卫星定位方法及装置，为建筑塔式起重机智能监控系统实现提供一种全新的高精度卫星定位解决思路；

（3）设计一种基于卫星定位的建筑塔式起重机塔顶位置/智能检测与预警模型，开发一种建筑塔式起重机塔顶位置/臂尖位置卫星定位智能检测预警技术，最终形成建筑塔式起重机卫星定位高精度智能监控服务技术体系。

1.4　研究内容

针对基于卫星定位的建筑塔式起重机智能监控系统关键技术与方法、系统硬件装置组装以及系统软件设计与开发进行深入研究，为建筑塔式起重机安全运行状态智能监控提供一种有效的高精度智能化解决方案。本书将从以下几个方面进行重点阐述：

（1）卫星定位高频数据单历元监控算法。从载波相位观测值概念和载波相位观测基本方程列立出发，阐述载波相位高精度卫星定位方法，推导基于高频数据的单历元定位数学模型，包括函数模型和随机模型，在分析几种典型的高频数据单历元快速确定算法基础上，提出 BDS 高频数据单历元快速确定算法，包括 BDS_DUFCOM 方法和 BDS_FARSE 算法，并从算法的可用性分析和监控精度分析两个方面进行验证与性能评估。

（2）智能监控卫星定位方法及装置。提出建筑塔式起重机用单历元双差整周模糊度快速确定方法，发明创造建筑塔式起重机用单历元双差整周模糊度解算检核方法，在此基础上，分别从塔顶位置卫星定位三维动态检测与分级预警装置、臂尖卫星定位动态监测方法和系统以及横臂位置精准定位可靠性验证方法、吊钩位置卫星定位方法及系统和吊钩位置精准定位可靠性验证系统等关键技术方面提出一系列智能监控卫星定位方法及装置，为建筑塔式起重机智能监控系统实现提供一种全新的高精度卫星定位解决思路。

（3）塔顶卫星定位智能检测预警模型。研发基于卫星定位的建筑塔式起重机塔顶位置智能检测与预警模型，提出一种基于历元位置偏差的塔顶位置三维位移检测参数及预警参数构造方法，从检测参数设计和预警参数设计两个角度验证塔顶位置卫星定位智能检测与预警模型设计的可行性和有效性，形成一种建筑塔式起重机塔顶位置卫星定位智能检测预警技术。

（4）臂尖卫星定位动态监测预警模型。研发基于卫星定位的建筑塔式起重机臂尖位置动态监测与预警模型，提出一种基于历元位置偏差的臂尖垂向位移监测参数及预警参数构造方法，从监测参数设计和预警参数设计两个角度验证臂尖位置卫星定位动态监测与预警模型设计的可行性和有效性，形成一种建筑塔式起重机臂尖位置卫星定位动态监测预警技术。

（5）卫星定位智能监控装置与系统实现。基于卫星定位单历元智能监控数学模型，提出单历元数据处理方法流程；利用云端服务器技术和 5G 移动通信核心技术，并基于 Viusal Studio 2010 平台，利用 C♯ 编程语言，从系统总体设计、系统硬件装置和系统软件开发等方面设计和开发一种基于卫星定位的建筑塔式起重机智能监控装置与云端系统（GNSS_TCMS），为建筑塔式起重机安全监控提供一种云端在线精细化管理实验平台。

1.5　技术路线

由本书的研究目标和研究内容决定了本书研究的技术路线如图 1-3 所示。

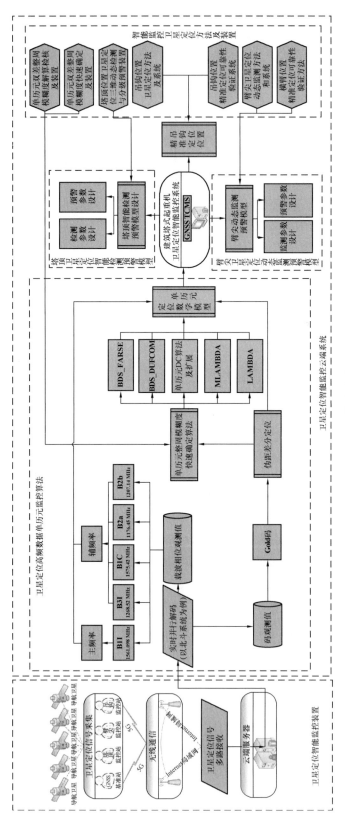

图 1-3　技术路线

由图 1-3 可知，本书研究的技术路线主要包括卫星定位智能监控装置组装和卫星定位智能监控云端系统研制。其中，通过导航卫星的基准站、塔顶监控站、臂尖监控站和吊钩监控站的卫星定位信号采集，并利用 5G 移动通信技术无线传输各站的监控数据进行卫星定位信号多路接收，在云端服务器实现卫星定位智能监控装置组装链路关系的构建，最终构成卫星定位智能监控装置；基于云端服务器端，发明创造一系列智能监控卫星定位方法及装置，通过深入研究和设计卫星定位高频数据单历元监控算法，分别从检测/监测参数设计和预警参数设计两个角度开发塔顶卫星定位智能检测预警模型和臂尖卫星定位动态监测预警模型，再从系统总体设计、系统硬件装置和系统软件开发等方面，研制一种基于卫星定位的建筑塔式起重机智能监控装置与云端系统，为建筑塔式起重机精准监控提供一种高精度卫星定位实时智能算法，所研制的装置及云端系统可用作建筑塔式起重机智能监控云端在线精细化管理平台。

1.6 应用前景

建筑塔式起重机智能监控系统（简称"塔控系统"）不仅有利于城市（超）高层建筑的施工建设，而且可以大大节省人力、物力和财力。建筑施工，安全第一。随着（超）高层建筑的蓬勃兴起，建材安全吊装作业主要依靠建筑塔式起重机及其塔控系统。塔控系统中任何一个小的故障或疏忽都可能带来安全事故，而很多不确定性因素都是发生在一瞬间，确保塔控系统安全可靠运行，能够使系统实时进行安全监控与预警，从而保证塔式起重机吊装作业安全。根据塔控系统安全工作要求，塔控系统对监测点定位不精确，会影响建料吊装作业效率，可能缓慢建筑施工进度。基于高频数据的单历元定位数学模型，研究建筑塔式起重机智能监控系统卫星定位算法与技术，实现系统监测点精准位置定位的可靠性判定，建立完善的系统可靠性保障机制，有利于提高建筑塔式起重机吊装作业的安全性和准确性。本书重点研究基于卫星定位的建筑塔式起重机运行安全运行状态智能监控技术，构建基于高频数据单历元监控算法，形成建筑塔式起重机卫星定位智能监控系统平台技术体系，辅之以有效的管理措施，将有助于提升建筑塔式起重机安全运行状态的精细化管理和精准管控，提高建筑塔式起重机吊装作业的工作效率，这是智能化塔式起重机发展的必然趋势，具有十分广阔的应用前景。

第 2 章　卫星定位高频数据单历元监控算法

本章首先简要阐述载波相位高精度卫星定位方法，建立对应的载波相位差分观测方程，详细推导基于高频数据的单历元定位数学模型，包括函数模型和随机模型；然后，探讨了几种典型的高频数据单历元快速确定算法，在此基础上，提出 BDS 高频数据单历元快速确定算法，包括 BDS_DUFCOM 方法和 BDS_FARSE 算法。最后，基于高频数据的单历元定位数学模型，采用 BDS_FARSE 算法快速确定 $\nabla\Delta N$ 双差整周模糊度，建立相应的数据处理程序模块，从可用性分析和监控精度分析两个方面进行算法验证与性能评估，为建筑塔式起重机用卫星定位智能监控提供一种实时高精度强可靠的卫星定位单历元监控算法。

2.1　载波相位高精度卫星定位方法

2.1.1　载波相位观测值

载波相位观测值是指测站 GNSS 接收机测量得到的卫星测距信号相位与测量时刻 GNSS 接收机本机振荡产生的相位之间的差值。卫星定位的载波相位观测值如图 2-1 所示。

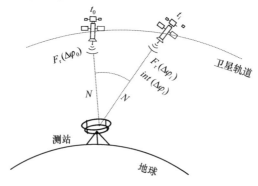

图 2-1　载波相位观测值

由图 2-1，假设当 GNSS 接收机开机跟踪并锁定导航卫星 s，信号的时刻为 t_0，此时 GNSS 接收机可以测量不足一整周的小数部分为 $F_r(\Delta\varphi_0)$，随后 GNSS 接收机保持连续跟踪测量导航卫星 s 测距信号并由 GNSS 接收机鉴相器记录观测载波相位观测值的整波段周数（即整周计数），这时载波相位观测值不断增大，当 GNSS 接收机跟踪观测到 t_i 时刻，鉴相器记录观测到的整周计数为 $int(\Delta\varphi_i)$，不足一周的小数部分为 $F_r(\Delta\varphi_i)$，进而形成的载波相位观测值为：

$$\begin{cases} \Phi^s(t_0) = F_r(\Delta\varphi_0) & ,\quad t_0 \text{ 时刻} \\ \Phi^s(t_i) = int(\Delta\varphi_i) + F_r(\Delta\varphi_i), & t_i \text{ 时刻} \end{cases} \tag{2-1}$$

事实上，针对 GNSS 接收机开机跟踪并锁定导航卫星 s 测距信号的 t_0 时刻，对应的载波相位观测值 $\Phi^s(t_0)$ 与 GNSS 接收机到该颗导航卫星 s 的卫地距之间存在一个未知的 N 个载波波长（N 为整数），整数 N 被称为整周模糊度，在随后卫星信号被连续锁定并跟踪的第 i 个观测历元中是具有固定且不变的整数特性。因此，实际的载波相位观测值为：

$$\begin{cases} \Phi^s(t_0) = N + F_r(\Delta\varphi_0) & ,\quad t_0 \text{ 时刻} \\ \Phi^s(t_i) = N + int(\Delta\varphi_i) + F_r(\Delta\varphi_i), & t_i \text{ 时刻} \end{cases} \tag{2-2}$$

2.1.2 载波相位测量基本方程

由于整周模糊度 N 不能直接由 GNSS 接收机测量出，是个未知数，需要通过其他间接方法确定，这使得载波相位观测值仅是对应于导航卫星和 GNSS 接收机之间的部分距离观测值（魏子卿等，1998；周忠谟等，1999）。与伪距观测值类似，针对观测历元 t_i 时刻，以距离为单位的载波相位观测值可表示为：

$$\lambda \cdot \Phi^s = \rho^s + c \cdot dt_r - c \cdot dt^s - \lambda \cdot N^s - I^s + T^s + \varepsilon_{\Phi^s} \tag{2-3}$$

式中，Φ^s 为以周为单位的载波相位观测值；λ 为载波频率的波长；N^s 为整周模糊度；c 为光速；dt_r 为 GNSS 接收机钟差；dt^s 为导航卫星钟差；I^s 为电离层延迟；T^s 为对流层延迟；ε_{Φ^s} 为小误差项以及载波相位观测噪声；ρ^s 为 GNSS 接收机所在测站至导航卫星之间的卫地距，$\rho^s = \sqrt{(X^s-X)^2 + (Y^s-Y)^2 + (Z^s-Z)^2}$，其中 (X,Y,Z) 为测站坐标，(X^s,Y^s,Z^s) 为卫星坐标。式（2-3）即为载波相位观测基本方程。

针对式（2-3），若取观测时刻测站坐标近似值 (X_0,Y_0,Z_0) 作为泰勒级数展开的中心点，并进行方程线性化可得：

$$\lambda \cdot \Phi^s = \rho_0^s - \begin{bmatrix} l^s & m^s & m^s \end{bmatrix} \begin{bmatrix} \delta X \\ \delta Y \\ \delta Z \end{bmatrix} + c \cdot dt_r - c \cdot dt^s - \lambda \cdot N^s - I^s + T^s + \varepsilon_{\Phi^s} \tag{2-4}$$

式中，$\rho_0^s = \sqrt{(X^s-X_0)^2 + (Y^s-Y_0)^2 + (Z^s-Z_0)^2}$ 为导航卫星与测站之间的卫地距近似值；$\begin{bmatrix} \delta X & \delta Y & \delta Z \end{bmatrix}^T$ 为测站坐标的改正数；$\begin{bmatrix} l^s & m^s & n^s \end{bmatrix}$ 为测站至导航卫星的方向余弦，其中：$l^s = \dfrac{X^s-X_0}{\rho_0^s}$，$m^s = \dfrac{Y^s-Y_0}{\rho_0^s}$，$n^s = \dfrac{Z^s-Z_0}{\rho_0^s}$。

假设在观测历元 t_i 时刻 GNSS 接收机同步观测了 s_n 颗导航卫星，则由式（2-4）可以建立 s_n 个载波相位测量基本方程用矩阵形式表示为：

$$\begin{bmatrix} \lambda \cdot \Phi^{s_1} \\ \lambda \cdot \Phi^{s_2} \\ \vdots \\ \lambda \cdot \Phi^{s_n} \end{bmatrix} = \begin{bmatrix} \rho_0^{s_1} \\ \rho_0^{s_2} \\ \vdots \\ \rho_0^{s_n} \end{bmatrix} - \begin{bmatrix} l^{s_1} & m^{s_1} & n^{s_1} & -1 \\ l^{s_2} & m^{s_2} & n^{s_2} & -1 \\ \vdots & \vdots & \vdots & \vdots \\ l^{s_n} & m^{s_n} & n^{s_n} & -1 \end{bmatrix} \begin{bmatrix} \delta X \\ \delta Y \\ \delta Z \\ c \cdot dt_r \end{bmatrix} - \begin{bmatrix} \lambda \cdot N^{s_1} \\ \lambda \cdot N^{s_2} \\ \vdots \\ \lambda \cdot N^{s_n} \end{bmatrix} \begin{bmatrix} c \cdot dt^{s_1} \\ c \cdot dt^{s_2} \\ \vdots \\ c \cdot dt^{s_n} \end{bmatrix} - \begin{bmatrix} I^{s_1} \\ I^{s_2} \\ \vdots \\ I^{s_n} \end{bmatrix} + \begin{bmatrix} T^{s_1} \\ T^{s_2} \\ \vdots \\ T^{s_n} \end{bmatrix} + \begin{bmatrix} \varepsilon_{\Phi^{s_1}} \\ \varepsilon_{\Phi^{s_2}} \\ \vdots \\ \varepsilon_{\Phi^{s_n}} \end{bmatrix}$$

$$\tag{2-5}$$

式中，导航卫星钟差可以利用广播星历参数进行误差修正，电离层延迟和对流层延迟可以通过模型改正，小误差项以及载波相位观测噪声在误差允许范围内可以忽略不计。由于利用载波相位观测值测定基线向量是在卫星位置已知的情况下，如果通过某种算法能将整周模糊度参数成功确定，那么通过基准站与监控站同步观测导航卫星（$s_n \geqslant 4$）进行基线向量解算，可以获得监控站的载波相位高精度定位结果。

2.2 载波相位差分技术

根据卫星定位测量中的各种误差来源及改正方法，差分手段是一种行之有效的削弱或消除卫星定位测量误差的重要技术。设在一个差分系统中有两个相距不远的测站 GNSS 接收机 A 和 B 同时接收两颗导航卫星信号，记为 s_j 和 s_k，并且获得了同一观测时刻的载波相位观测值，建立载波相位观测方程，并采用差分技术可以形成单差载波相位观测方程、双差载波相位观测方程和三差载波相位观测方程。

2.2.1 单差技术

一般而言，将测站 A 和 B 之间对同一颗导航卫星 s_j 的载波相位观测值进行一次求差可以形成单差（Single-Difference，SD）载波相位观测值。其中，单差技术示意图如图 2-2 所示。

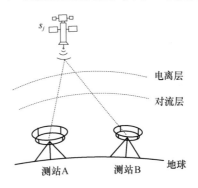

图 2-2 单差技术示意图

由式（2-3），在观测历元 t_i 时刻，测站 A 和测站 B 对导航卫星 s_j 的载波相位观测方程为：

$$\lambda \cdot \Phi_A^{s_j} = \rho_A^{s_j} + c \cdot dt_A - c \cdot dt_A^{s_j} - \lambda \cdot N_A^{s_j} - I_A^{s_j} + T_A^{s_j} + \varepsilon_{\Phi_A^{s_j}} \qquad (2-6)$$

$$\lambda \cdot \Phi_B^{s_j} = \rho_B^{s_j} + c \cdot dt_B - c \cdot dt_B^{s_j} - \lambda \cdot N_B^{s_j} - I_B^{s_j} + T_B^{s_j} + \varepsilon_{\Phi_B^{s_j}} \qquad (2-7)$$

式中，各项代表含义与式（2-3）相同。对式（2-6）和式（2-7）进行一次求差，并考虑到 $dt_A^{s_j} - dt_B^{s_j} = 0$，这说明原本包含在载波相位观测方程中的导航卫星钟误差被抵消掉，进而获得的单差载波相位观测方程为：

$$\lambda \cdot \Delta\Phi_{AB}^{s_j} = \Delta\rho_{AB}^{s_j} + c \cdot \Delta dt_{AB} - \lambda \cdot \Delta N_{AB}^{s_j} - \Delta I_{AB}^{s_j} + \Delta T_{AB}^{s_j} + \varepsilon_{\Phi_{AB}^{s_j}} \qquad (2-8)$$

式中，$\Delta\Phi_{AB}^{s_j} = \Phi_A^{s_j} - \Phi_B^{s_j}$，$\Delta\rho_{AB}^{s_j} = \rho_A^{s_j} - \rho_B^{s_j}$，$\Delta t_{AB} = \Delta dt_A - \Delta dt_B$，$\Delta N_{AB}^{s_j} = N_A^{s_j} - N_B^{s_j}$，$\Delta I_{AB}^{s_j} = I_A^{s_j} - I_B^{s_j}$，$\Delta T_{AB}^{s_j} = T_A^{s_j} - T_B^{s_j}$，$\Delta\varepsilon_{\Phi_{AB}^{s_j}} = \varepsilon_{\Phi_A^{s_j}} - \varepsilon_{\Phi_B^{s_j}}$。

从式（2-8）可以看出，在测站 A 和测站 B 之间对同一导航卫星 s_j 进行一次单差运算后，电离层延迟误差、对流层延迟误差、卫星轨道误差等的影响可以削弱，在短基线的建筑塔式起重机卫星定位智能监控应用中误差削弱效果最为明显。

2.2.2　双差技术

在单差载波相位观测方程的基础上，针对两颗不同导航卫星 s_j 和 s_k 的单差之间再次差分（先在测站之间再在卫星之间各做一次差）可以形成双差（Double-Difference，DD）载波相位观测值。其中，双差技术如图 2-3 所示。

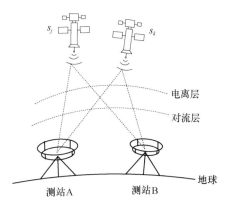

图 2-3　双差技术示意图

由式（2-8），在观测历元 t_i 时刻，测站 A 和测站 B 之间对导航卫星 s_j 的单差载波相位观测方程为：

$$\lambda \cdot \Delta \Phi_{AB}^{s_j} = \Delta \rho_{AB}^{s_j} + c \cdot \Delta dt_{AB} - \lambda \cdot \Delta N_{AB}^{s_j} - \Delta I_{AB}^{s_j} + \Delta T_{AB}^{s_j} + \Delta \varepsilon_{\Phi_{AB}^{s_j}} \tag{2-9}$$

同理，测站 A 和测站 B 之间对导航卫星 s_k 的单差载波相位观测方程为：

$$\lambda \cdot \Delta \Phi_{AB}^{s_k} = \Delta \rho_{AB}^{s_k} + c \cdot \Delta dt_{AB} - \lambda \cdot \Delta N_{AB}^{s_k} - \Delta I_{AB}^{s_k} + \Delta T_{AB}^{s_k} + \Delta \varepsilon_{\Phi_{AB}^{s_k}} \tag{2-10}$$

式中，式（2-9）和式（2-10）的各项代表含义与式（2-8）相同，j,k 为整数且 $k > j$。对式（2-9）和式（2-10）进行一次求差，原本包含在单差载波相位观测方程中的接收机钟误差被抵消掉，进而获得的双差载波相位观测方程为：

$$\lambda \cdot \nabla \Delta \Phi_{AB}^{s_j s_k} = \nabla \Delta \rho_{AB}^{s_j s_k} - \lambda \cdot \nabla \Delta N_{AB}^{s_j s_k} - \nabla \Delta I_{AB}^{s_j s_k} + \nabla \Delta T_{AB}^{s_j s_k} + \nabla \Delta \varepsilon_{\Phi_{AB}^{s_j s_k}} \tag{2-11}$$

式中，$\nabla \Delta \Phi_{AB}^{s_j s_k} - \Delta \Phi_{AB}^{s_j} - \Delta \Phi_{AB}^{s_k}$，$\nabla \Delta \rho_{AB}^{s_j s_k} = \Delta \rho_{AB}^{s_j} - \Delta \rho_{AB}^{s_k}$，$\nabla \Delta N_{AB}^{s_j s_k} = \Delta N_{AB}^{s_j} - \Delta N_{AB}^{s_k}$，$\nabla \Delta I_{AB}^{s_j s_k} = \Delta I_{AB}^{s_j} - \Delta I_{AB}^{s_k}$，$\nabla \Delta T_{AB}^{s_j s_k} = \Delta T_{AB}^{s_j} - \Delta T_{AB}^{s_k}$，$\nabla \Delta \varepsilon_{\Phi_{AB}^{s_j s_k}} = \Delta \varepsilon_{\Phi_{AB}^{s_j}} - \Delta \varepsilon_{\Phi_{AB}^{s_k}}$。

从式（2-11）可以看出，在测站 A 和测站 B 之间对不同的导航卫星 s_j 和 s_k 进行双差运算后，电离层延迟误差、对流层延迟误差、卫星轨道误差等的影响可以得到进一步削弱。

值得说明的是，在观测历元 t_i 时刻，测站 A 和测站 B 之间同步观测 n 颗导航卫星，其中，$n \geq 4$，在短基线的建筑塔式起重机卫星定位智能监控系统应用中，通常将选择卫星高度角最大的一颗导航卫星作为参考卫星，然后将其余各导航卫星的单差载波相位观测方程分别与基准卫星的单差载波相位观测方程作差，组建形成双差载波相位相位观测方程。鉴于双差载波相位观测方程具有独特的优势，在载波相位差分技术应用中广泛采用双差技术。

2.2.3 三差技术

在双差载波相位观测方程的基础上，针对不同的观测历元时刻 t_i 和 t_{i+1} 的双差载波相位观测值之间再次差分，可以形成三差（Triple-Difference，TD）载波相位观测值。其中，三差技术示意图如图 2-4 所示。

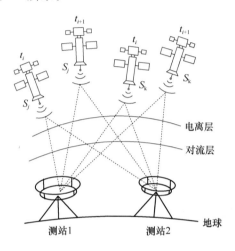

图 2-4　三差技术示意图

由式（2-11），在观测历元 t_i 时刻，测站 A 和测站 B 之间对导航卫星 s_j 和 s_k 的双差载波相位观测方程为：

$$\lambda \cdot \nabla\Delta\Phi_{AB}^{s_j s_k}(t_i) = \nabla\Delta\rho_{AB}^{s_j s_k}(t_i) - \lambda \cdot \nabla\Delta N_{AB}^{s_j s_k}(t_i) - \nabla\Delta I_{AB}^{s_j s_k}(t_i) + \nabla\Delta T_{AB}^{s_j s_k}(t_i) + \nabla\Delta\varepsilon_{\Phi_{AB}^{s_j s_k}}(t_i)$$

$$(2\text{-}12)$$

同理，在观测历元 t_{i+1} 时刻，测站 A 和测站 B 之间对导航卫星 s_j 和 s_k 的双差载波相位观测方程为：

$$\lambda \cdot \nabla\Delta\Phi_{AB}^{s_j s_k}(t_{i+1}) = \nabla\Delta\rho_{AB}^{s_j s_k}(t_{i+1}) - \lambda \cdot \nabla\Delta N_{AB}^{s_j s_k}(t_{i+1}) - \nabla\Delta I_{AB}^{s_j s_k}(t_{i+1})$$
$$+ \nabla\Delta T_{AB}^{s_j s_k}(t_{i+1}) + \nabla\Delta\varepsilon_{\Phi_{AB}^{s_j s_k}}(t_{i+1}) \qquad (2\text{-}13)$$

式中，式（2-12）和式（2-13）的各项代表含义与式（2-11）相同。对式（2-12）和式（2-13）进行一次求差，原本包含在双差载波相位观测方程中的双差整周模糊度被抵消掉，进而获得的三差载波相位观测方程为：

$$\lambda \cdot \Delta\nabla\Delta\Phi_{AB}^{s_j s_k}(t_i, t_{i+1}) = \Delta\nabla\Delta\rho_{AB}^{s_j s_k}(t_i, t_{i+1}) - \Delta\nabla\Delta I_{AB}^{s_j s_k}(t_i, t_{i+1})$$
$$+ \Delta\nabla\Delta T_{AB}^{s_j s_k}(t_i, t_{i+1}) + \Delta\nabla\Delta\varepsilon_{\Phi_{AB}^{s_j s_k}}(t_i, t_{i+1}) \qquad (2\text{-}14)$$

式中：

$$\Delta\nabla\Delta\Phi_{AB}^{s_j s_k}(t_i, t_{i+1}) = \nabla\Delta\Phi_{AB}^{s_j s_k}(t_i) - \nabla\Delta\Phi_{AB}^{s_j s_k}(t_{i+1})$$

$$\Delta\nabla\Delta\rho_{AB}^{s_j s_k}(t_i, t_{i+1}) = \nabla\Delta\rho_{AB}^{s_j s_k}(t_i) - \nabla\Delta\rho_{AB}^{s_j s_k}(t_{i+1})$$

$$\Delta\nabla\Delta I_{AB}^{s_j s_k}(t_i, t_{i+1}) = \nabla\Delta I_{AB}^{s_j s_k}(t_i) - \nabla\Delta I_{AB}^{s_j s_k}(t_{i+1})$$

$$\Delta\nabla\Delta T_{AB}^{s_j s_k}(t_i, t_{i+1}) = \nabla\Delta T_{AB}^{s_j s_k}(t_i) - \nabla\Delta T_{AB}^{s_j s_k}(t_{i+1})$$

$$\Delta\nabla\Delta\varepsilon_{\Phi_{\mathrm{AB}}^{s_js_k}}(t_i,t_{i+1}) = \nabla\Delta\varepsilon_{\Phi_{\mathrm{AB}}^{s_js_k}}(t_i) - \nabla\Delta\varepsilon_{\Phi_{\mathrm{AB}}^{s_js_k}}(t_{i+1})$$

从式（2-14）可以看出，在三差载波相位观测方程中，电离层延迟误差、对流层延迟误差、卫星轨道误差等的影响基本消除，此时方程中仅含有 3 个未知数，即基线向量 $(\Delta X,\Delta Y,\Delta Z)$，但在建筑塔式起重机卫星定位智能监控系统应用中广泛采用双差技术而不采用三差技术，主要原因如下：

（1）三差技术中未知参数的数量被进一步减少为 3 个，但是对于计算机而言，解算 3 个未知数和解算 10 个未知数的耗时是差不多的，然而形成三差载波相位观测方程也需要耗费少许时间，因此，三差技术与双差技术的计算机耗时工作量基本相当；

（2）由于双差整周模糊度参数被抵消掉，在三差技术中整周模糊度参数未进行取整和回代等计算工作，因此，三差技术解算获得的结果是实数解（即浮点解）。

2.3　基于高频数据的单历元定位数学模型

针对卫星定位 GNSS 接收机采样更新率大于等于 1Hz 的高频数据，例如 1Hz、5Hz、10Hz、20Hz、50Hz 或 100Hz，相邻历元之间具有很强的相关性，制约着载波相位多历元定位模型快速定位。但考虑到双差整周模糊度依然具有整数特性，在建筑塔式起重机卫星定位智能监控系统应用中提出采用双差技术进行基线向量解算，构建基于高频数据的单历元定位模型。基于双差技术的高频数据单历元定位模型包括函数模型和随机模型。

2.3.1　函数模型

在观测历元 t_i 时刻，测站 A 和测站 B 同时观测卫星 s_j、s_k，不妨假设以 s_j 为参考卫星，以测站 A 为基准站，以测站 B 为监控站，由式（2-11）可得到双差载波相位观测方程的线性化形式为：

$$\lambda\cdot\nabla\Delta\Phi_{\mathrm{AB}}^{s_js_k} = \nabla\Delta\rho_{\mathrm{AB}o}^{s_js_k} - \begin{bmatrix}\Delta l_{\mathrm{AB}}^{s_js_k} & \Delta m_{\mathrm{AB}}^{s_js_k} & \Delta n_{\mathrm{AB}}^{s_js_k}\end{bmatrix}\begin{bmatrix}\delta X\\\delta Y\\\delta Z\end{bmatrix}$$
$$- \lambda\cdot\nabla\Delta N_{\mathrm{AB}}^{s_js_k} - \nabla\Delta I_{\mathrm{AB}}^{s_js_k} + \nabla\Delta T_{\mathrm{AB}}^{s_js_k} + \nabla\Delta\varepsilon_{\Phi_{\mathrm{AB}}^{s_js_k}} \qquad (2\text{-}15)$$

式中，$\nabla\Delta\Phi_{\mathrm{AB}}^{s_js_k} = \Delta\Phi_{\mathrm{AB}}^{s_j} - \Delta\Phi_{\mathrm{AB}}^{s_k}$，$\nabla\Delta\rho_{\mathrm{AB}o}^{s_js_k} = \Delta\rho_{\mathrm{AB}o}^{s_j} - \Delta\rho_{\mathrm{AB}o}^{s_k} = (\Delta\rho_{\mathrm{A}o}^{s_j} - \Delta\rho_{\mathrm{A}o}^{s_k}) - (\Delta\rho_{\mathrm{B}o}^{s_j} - \Delta\rho_{\mathrm{B}o}^{s_k})$，$\begin{bmatrix}\Delta l_{\mathrm{AB}}^{s_js_k} & \Delta m_{\mathrm{AB}}^{s_js_k} & \Delta n_{\mathrm{AB}}^{s_js_k}\end{bmatrix} = \begin{bmatrix}(l_{\mathrm{AB}}^{s_j} - l_{\mathrm{AB}}^{s_k}) & (m_{\mathrm{AB}}^{s_j} - m_{\mathrm{AB}}^{s_k}) & (n_{\mathrm{AB}}^{s_j} - n_{\mathrm{AB}}^{s_k})\end{bmatrix}$，$\nabla\Delta N_{\mathrm{AB}}^{s_js_k} = \Delta N_{\mathrm{AB}}^{s_j} - \Delta N_{\mathrm{AB}}^{s_k}$，$\nabla\Delta I_{\mathrm{AB}}^{s_js_k} = \Delta I_{\mathrm{AB}}^{s_j} - \Delta I_{\mathrm{AB}}^{s_k}$，$\nabla\Delta T_{\mathrm{AB}}^{s_js_k} = \Delta T_{\mathrm{AB}}^{s_j} - \Delta T_{\mathrm{AB}}^{s_k}$，$\nabla\Delta\varepsilon_{\Phi_{\mathrm{AB}}^{s_js_k}} = \Delta\varepsilon_{\Phi_{\mathrm{AB}}^{s_j}} - \Delta\varepsilon_{\Phi_{\mathrm{AB}}^{s_k}}$。

在建筑塔式起重机卫星定位智能监控系统应用中，一般而言，当基准站 A 与监控站 B 的距离在一定范围内（$\leqslant 10\sim 15\mathrm{km}$）时，双差技术基本可以削弱对流层延迟误差、电离层延迟误差以及观测噪声的影响，这时式（2-15）可以简化为：

$$\lambda\cdot\nabla\Delta\Phi_{\mathrm{AB}}^{s_js_k} = \nabla\Delta\rho_{\mathrm{AB}o}^{s_js_k} - \begin{bmatrix}\Delta l_{\mathrm{AB}}^{s_js_k} & \Delta m_{\mathrm{AB}}^{s_js_k} & \Delta n_{\mathrm{AB}}^{s_js_k}\end{bmatrix}\begin{bmatrix}\delta X\\\delta Y\\\delta Z\end{bmatrix} - \lambda\cdot\nabla\Delta N_{\mathrm{AB}}^{s_js_k} \qquad (2\text{-}16)$$

针对式（2-16），令 $\nabla\Delta L_{AB}^{s_js_k} = \lambda \cdot \nabla\Delta\Phi_{AB}^{s_js_k} - \nabla\Delta\rho_{ABo}^{s_js_k}$，误差方程可列立为：

$$v_{AB}^{s_js_k} = \begin{bmatrix} \Delta l_{AB}^{s_js_k} & \Delta m_{AB}^{s_js_k} & \Delta n_{AB}^{s_js_k} \end{bmatrix} \begin{bmatrix} \delta X \\ \delta Y \\ \delta Z \end{bmatrix} + \lambda \cdot \nabla\Delta N_{AB}^{s_js_k} + \nabla\Delta L_{AB}^{s_js_k} \tag{2-17}$$

在观测历元 t_i 时刻，若同步观测的导航卫星数为 s_n，则可列出 s_n-1 个误差方程为：

$$\begin{bmatrix} v_{AB}^{s_js_1} \\ \vdots \\ v_{AB}^{s_js_k} \\ \vdots \\ v_{AB}^{s_js_n} \end{bmatrix} = \begin{bmatrix} \Delta l_{AB}^{s_js_1} & \Delta m_{AB}^{s_js_1} & \Delta n_{AB}^{s_js_1} \\ \vdots & \vdots & \vdots \\ \Delta l_{AB}^{s_js_k} & \Delta m_{AB}^{s_js_k} & \Delta n_{AB}^{s_js_k} \\ \vdots & \vdots & \vdots \\ \Delta l_{AB}^{s_js_n} & \Delta m_{AB}^{s_js_n} & \Delta n_{AB}^{s_js_n} \end{bmatrix} \begin{bmatrix} \delta X \\ \delta Y \\ \delta Z \end{bmatrix} + \begin{bmatrix} \lambda & & & \\ & \ddots & & \\ & & \lambda & \\ & & & \ddots \\ & & & & \lambda \end{bmatrix} \cdot \begin{bmatrix} \nabla\Delta N_{AB}^{s_js_1} \\ \vdots \\ \nabla\Delta N_{AB}^{s_js_k} \\ \vdots \\ \nabla\Delta N_{AB}^{s_js_n} \end{bmatrix} + \begin{bmatrix} \nabla\Delta L_{AB}^{s_js_1} \\ \vdots \\ \nabla\Delta L_{AB}^{s_js_k} \\ \vdots \\ \nabla\Delta L_{AB}^{s_js_n} \end{bmatrix}$$

$$\tag{2-18}$$

写成矩阵形式为：

$$\underset{(s_n-1)\times1}{\boldsymbol{V}} = \underset{(s_n-1)\times3}{\boldsymbol{A}} \cdot \underset{3\times1}{\delta\boldsymbol{X}} + \underset{(s_n-1)\times(s_n-1)}{\boldsymbol{B}} \cdot \underset{(s_n-1)\times1}{\nabla\Delta\boldsymbol{N}} + \underset{(s_n-1)\times1}{\nabla\Delta\boldsymbol{L}} \tag{2-19}$$

式中，$\underset{(s_n-1)\times1}{\boldsymbol{V}} = \begin{bmatrix} v_{AB}^{s_js_1} \\ \vdots \\ v_{AB}^{s_js_k} \\ \vdots \\ v_{AB}^{s_js_n} \end{bmatrix}$，$\underset{(s_n-1)\times3}{\boldsymbol{A}} = \begin{bmatrix} \Delta l_{AB}^{s_js_1} & \Delta m_{AB}^{s_js_1} & \Delta n_{AB}^{s_js_1} \\ \vdots & \vdots & \vdots \\ \Delta l_{AB}^{s_js_k} & \Delta m_{AB}^{s_js_k} & \Delta n_{AB}^{s_js_k} \\ \vdots & \vdots & \vdots \\ \Delta l_{AB}^{s_js_n} & \Delta m_{AB}^{s_js_n} & \Delta n_{AB}^{s_js_n} \end{bmatrix}$，$\underset{3\times1}{\delta\boldsymbol{X}} = \begin{bmatrix} \delta X \\ \delta Y \\ \delta Z \end{bmatrix}$，$\underset{(s_n-1)\times(s_n-1)}{\boldsymbol{B}} =$

$\begin{bmatrix} \lambda & & & \\ & \ddots & & \\ & & \lambda & \\ & & & \ddots \\ & & & & \lambda \end{bmatrix}$，$\underset{(s_n-1)\times1}{\nabla\Delta\boldsymbol{N}} = \begin{bmatrix} \nabla\Delta N_{AB}^{s_js_1} \\ \vdots \\ \nabla\Delta N_{AB}^{s_js_k} \\ \vdots \\ \nabla\Delta N_{AB}^{s_js_n} \end{bmatrix}$，$\underset{(s_n-1)\times1}{\nabla\Delta\boldsymbol{L}} = \begin{bmatrix} \nabla\Delta L_{AB}^{s_js_1} \\ \vdots \\ \nabla\Delta L_{AB}^{s_js_k} \\ \vdots \\ \nabla\Delta L_{AB}^{s_js_n} \end{bmatrix}$。

针对载波相位单历元定位，如果能够采用某种高效的整周模糊度快速确定算法成功固定双差整周模糊度参数，即将 $\underset{(s_n-1)\times1}{\Delta\nabla\boldsymbol{N}}$ 固定为整数值矩阵，然后直接回代到式（2-19）中再次解算，即可获得高精度的单历元定位结果。不妨令 $\underset{(s_n-1)\times1}{\boldsymbol{C}} = -\left(\underset{(s_n-1)\times(s_n-1)}{\boldsymbol{B}} \cdot \underset{(s_n-1)\times1}{\nabla\Delta\boldsymbol{N}} + \underset{(s_n-1)\times1}{\nabla\Delta\boldsymbol{L}} \right)$，则误差方程可以表示为：

$$\boldsymbol{V} = \boldsymbol{A} \cdot \delta\boldsymbol{X} - \boldsymbol{C} \tag{2-20}$$

根据最小二乘参数估计原理 $V^{\mathrm{T}}PV = \min$，则法方程可表示为：

$$(\boldsymbol{A}^{\mathrm{T}}\boldsymbol{P}\boldsymbol{A}) \cdot \delta\boldsymbol{X} - \boldsymbol{A}^{\mathrm{T}}\boldsymbol{P}\boldsymbol{C} = 0 \tag{2-21}$$

对应的解可表示为：

$$\delta\boldsymbol{X} = (\boldsymbol{A}^{\mathrm{T}}\boldsymbol{P}\boldsymbol{A})^{-1}(\boldsymbol{A}^{\mathrm{T}}\boldsymbol{P}\boldsymbol{C}) \tag{2-22}$$

式中，$\boldsymbol{P}$ 为双差观测值权矩阵，可由随机模型确定。

2.3.2　随机模型

在观测历元 t_i 时刻，假设测站 A 和测站 B 同时观测 s_n 颗卫星，获得原始非差载波相位观测值，根据单差技术，形成的单差载波相位观测值为：

$$
\begin{bmatrix} \Delta\Phi_{AB}^{s_1} \\ \vdots \\ \Delta\Phi_{AB}^{s_j} \\ \vdots \\ \Delta\Phi_{AB}^{s_n} \end{bmatrix} = \begin{bmatrix} 1 & -1 & & & & & \\ & & \ddots & & & & \\ & & & 1 & -1 & & \\ & & & & & \ddots & \\ & & & & & 1 & -1 \end{bmatrix} \begin{bmatrix} \Phi_A^{s_1} \\ \Phi_B^{s_1} \\ \vdots \\ \Phi_A^{s_j} \\ \Phi_B^{s_j} \\ \vdots \\ \Phi_A^{s_n} \\ \Phi_B^{s_n} \end{bmatrix} \tag{2-23}
$$

写成矩阵形式为：

$$
\underset{s_n \times 1}{\Delta\boldsymbol{\Phi}} = \underset{(s_n \times 2s_n)}{\boldsymbol{Q}} \cdot \underset{(2s_n \times 1)}{\boldsymbol{\Phi}} \tag{2-24}
$$

式中，$\underset{s_n \times 1}{\Delta\boldsymbol{\Phi}} = \begin{bmatrix} \Delta\boldsymbol{\Phi}_{AB}^{s_1} \\ \vdots \\ \Delta\boldsymbol{\Phi}_{AB}^{s_j} \\ \vdots \\ \Delta\boldsymbol{\Phi}_{AB}^{s_n} \end{bmatrix}$，$\underset{(s_n \times 2s_n)}{\boldsymbol{Q}} = \begin{bmatrix} 1 & -1 & & & & & \\ & & \ddots & & & & \\ & & & 1 & -1 & & \\ & & & & & \ddots & \\ & & & & & 1 & -1 \end{bmatrix}$，$\underset{(2s_n \times 1)}{\boldsymbol{\Phi}} = \begin{bmatrix} \boldsymbol{\Phi}_A^{s_1} \\ \boldsymbol{\Phi}_B^{s_1} \\ \vdots \\ \boldsymbol{\Phi}_A^{s_j} \\ \boldsymbol{\Phi}_B^{s_j} \\ \vdots \\ \boldsymbol{\Phi}_A^{s_n} \\ \boldsymbol{\Phi}_B^{s_n} \end{bmatrix}$。

根据方差—协方差传播律，可以获得单差载波相位观测值的方差矩阵为：

$$
\boldsymbol{D}_{\Delta\Phi} = \boldsymbol{Q} \cdot \boldsymbol{D}_{\Phi} \cdot \boldsymbol{Q}^{\mathrm{T}} \tag{2-25}
$$

式中，$\boldsymbol{D}_{\Delta\Phi}$ 为单差载波相位观测值的方差矩阵；$\boldsymbol{D}_{\Phi} = \sigma_0^2 \cdot \boldsymbol{I}$ 为原始非载波相位观测值的方差矩阵，其中 σ_0^2 为原始非差载波相位观测值的方差，$\boldsymbol{I}$ 为单位矩阵。

由于 $\boldsymbol{Q} \cdot \boldsymbol{Q}^{\mathrm{T}} = \begin{bmatrix} 1 & -1 & & & & & \\ & & \ddots & & & & \\ & & & 1 & -1 & & \\ & & & & & \ddots & \\ & & & & & 1 & -1 \end{bmatrix} \begin{bmatrix} 1 & & & & \\ -1 & & & & \\ & \ddots & & & \\ & & 1 & & \\ & & -1 & & \\ & & & \ddots & \\ & & & & 1 \\ & & & & -1 \end{bmatrix} = 2 \cdot \boldsymbol{I}$，

由式（2-25）可得：

$$
\boldsymbol{D}_{\Delta\Phi} = \boldsymbol{Q} \cdot \sigma_0^2 \cdot \boldsymbol{I} \cdot \boldsymbol{Q}^{\mathrm{T}} = \sigma_0^2 \cdot \boldsymbol{I} \cdot \boldsymbol{Q} \cdot \boldsymbol{Q}^{\mathrm{T}} = 2\sigma_0^2 \cdot \boldsymbol{I} \tag{2-26}
$$

从式（2-26）可以看出，测站 A 和测站 B 同步观测形成的单差载波相位观测值是不相关的，相应的单差载波相位观测值权矩阵可表示为：

$$P_{\Delta\Phi} = D_{\Delta\Phi}^{-1} = \frac{1}{2\sigma_0^2} \cdot I \tag{2-27}$$

在单差载波相位观测值的基础上，根据双差技术，不烦选取卫星高度角最大的 s_j 颗卫星作为参考卫星，可以形成双差载波相位观测值为：

$$
\begin{bmatrix}
\nabla\Delta\Phi_{AB}^{s_1 s_j} \\
\vdots \\
\nabla\Delta\Phi_{AB}^{s_{j-1} s_j} \\
\nabla\Delta\Phi_{AB}^{s_{j+1} s_j} \\
\vdots \\
\nabla\Delta\Phi_{AB}^{s_k s_j} \\
\vdots \\
\nabla\Delta\Phi_{AB}^{s_n s_j}
\end{bmatrix}
=
\begin{bmatrix}
1 & & & -1 & & & & \\
& \ddots & & \vdots & & & & \\
& & 1 & -1 & & & & \\
& & & -1 & 1 & & & \\
& & & \vdots & & \ddots & & \\
& & & -1 & & & 1 & \\
& & & \vdots & & & & \ddots \\
& & & -1 & & & & 1
\end{bmatrix}
\begin{bmatrix}
\Delta\Phi_{AB}^{s_1} \\
\vdots \\
\Delta\Phi_{AB}^{s_{j-1}} \\
\Delta\Phi_{AB}^{s_j} \\
\Delta\Phi_{AB}^{s_{j+1}} \\
\vdots \\
\Delta\Phi_{AB}^{s_k} \\
\vdots \\
\Delta\Phi_{AB}^{s_n}
\end{bmatrix}
\tag{2-28}
$$

写成矩阵形式为：

$$\nabla\Delta\boldsymbol{\Phi}_{(s_n-1)\times 1} = \boldsymbol{F}_{(s_n-1)\times s_n} \cdot \Delta\boldsymbol{\Phi}_{(s_n\times 1)} \tag{2-29}$$

式中，$\nabla\Delta\boldsymbol{\Phi}_{(s_n-1)\times 1} = \begin{bmatrix} \nabla\Delta\Phi_{AB}^{s_1 s_j} \\ \vdots \\ \nabla\Delta\Phi_{AB}^{s_{j-1} s_j} \\ \nabla\Delta\Phi_{AB}^{s_{j+1} s_j} \\ \vdots \\ \nabla\Delta\Phi_{AB}^{s_k s_j} \\ \vdots \\ \nabla\Delta\Phi_{AB}^{s_n s_j} \end{bmatrix}$，$\boldsymbol{F}_{(s_n-1)\times s_n} = \begin{bmatrix} 1 & & & -1 & & & & \\ & \ddots & & \vdots & & & & \\ & & 1 & -1 & & & & \\ & & & -1 & 1 & & & \\ & & & \vdots & & \ddots & & \\ & & & -1 & & & 1 & \\ & & & \vdots & & & & \ddots \\ & & & -1 & & & & 1 \end{bmatrix}$，

$\Delta\boldsymbol{\Phi}_{(s_n\times 1)} = \begin{bmatrix} \Delta\Phi_{AB}^{s_1} \\ \vdots \\ \Delta\Phi_{AB}^{s_{j-1}} \\ \Delta\Phi_{AB}^{s_j} \\ \Delta\Phi_{AB}^{s_{j+1}} \\ \vdots \\ \Delta\Phi_{AB}^{s_k} \\ \vdots \\ \Delta\Phi_{AB}^{s_n} \end{bmatrix}$。

根据方差—协方差传播律，可以获得双差载波相位观测值的方差矩阵为：

$$D_{\nabla\Delta\Phi} = \boldsymbol{F} \cdot \boldsymbol{D}_{\Delta\Phi} \cdot \boldsymbol{F}^{\mathrm{T}} \tag{2-30}$$

式中，$\boldsymbol{D}_{\nabla\Delta\Phi}$ 为双差载波相位观测值的方差矩阵；$\boldsymbol{D}_{\Delta\Phi} = 2\sigma_0^2 \cdot \boldsymbol{I}$ 为单差载波相位相位观测值的方差矩阵，其中 σ_0^2 为原始非差载波相位观测值的方差，$\boldsymbol{I}$ 为单位矩阵。

由式（2-30）可得：

$$\boldsymbol{D}_{\nabla\Delta\Phi} = \boldsymbol{F} \cdot 2\sigma_0^2 \cdot \boldsymbol{I} \cdot \boldsymbol{F}^{\mathrm{T}} = 2\sigma_0^2 \cdot \boldsymbol{F} \cdot \boldsymbol{F}^{\mathrm{T}} \tag{2-31}$$

从式（2-31）可以看出，由于 $\boldsymbol{F} \cdot \boldsymbol{F}^{\mathrm{T}}$ 不是一个单位矩阵，测站 A 和测站 B 同步观测不同的导航卫星而形成的双差载波相位观测值是相关的，相应的双差载波相位观测值权矩阵可表示为：

$$\boldsymbol{P}_{\nabla\Delta\Phi} = \boldsymbol{D}_{\nabla\Delta\Phi}^{-1} = \frac{1}{2\sigma_0^2} \cdot \frac{1}{s_n} \cdot \begin{bmatrix} s_n - 1 & -1 & \cdots & -1 \\ -1 & s_n - 1 & \cdots & -1 \\ \vdots & \vdots & \ddots & \vdots \\ -1 & -1 & \cdots & s_n - 1 \end{bmatrix} \tag{2-32}$$

2.4　几种典型的高频数据单历元∇ΔN快速确定算法

由于载波相位观测值在差分过程中产生的残差及任何可以被忽略的误差项均会影响到整周模糊度的解算结果，利用最小二乘参数估计解算的整周模糊度是实数解。然后，根据载波相位高精度定位方法，整周模糊度参数具有整数特性，一个整周数值的错误会对载波相位观测值产生分米级的测距误差，从而严重影响定位结果，因此，必须对整周模糊度进行正确解算。有关文献研究表明：卫星定位所需的时间实际上就是确定整周模糊度所需要的时间。因此，快速解算整周模糊度是提高卫星定位作业效率的重要手段。

一般而言，快速解算整周模糊度的步骤包括：

（1）求实数解；

（2）固定整周模糊度；

（3）最优解检验；

（4）求整数解。

针对基于高频数据的载波相位单历元定位的函数模型，将 $\Delta\nabla N$ 参数固定为整数值矩阵具有十分重要的意义。目前几种典型的高频数据单历元双差整周模糊度（$\nabla\Delta N$）快速确定算法有：LAMBDA 算法、MLAMBDA 算法、DUFCOM 算法、DC 算法以及FARSE 算法等。

2.4.1　LAMBDA 算法

最小二乘模糊度降相关平差算法（Least-squares ambiguity decorrelation adjustment，LAMBDA）是由荷兰的 Teunissen 院士在 1993 年首次提出的（Teunissen P J G et al.，1993）。而后经过代尔夫特理工大学一批学者（Teunissen P J G et al.，1997；P. J Jong et al.，1998；Verhagen S et al.，2012）的不断拓展和深入研究，目前已形成了较为完备的理论算法体系。LAMBDA 算法是目前国际上公认的理论最严密、搜索速度快的整周模糊度解算算法，也是一种被广泛采用的整周模糊度确定方法。其中，LAMBDA 算法核心内容主要包括以下三部分：

（1）由于整周模糊度之间具有相关性，设计多维整数高斯变换，降低整周模糊度之间的相关性，使得某一个整周模糊度参数的变化对其他整周模糊度的搜索影像尽可能小，从而提升整体的整周模糊度搜索效率；

（2）经过多维整数高斯变换，将整周模糊度的原空间变换到新的空间里进行整周模糊度快速搜索并固定；

（3）再经过多维整数高斯变换的逆转换，将固定的整周模糊度参数转换到原整周模糊度的空间中，进而确定整周模糊度的整数解。

LAMBDA 算法的基本思路：以双差整周模糊度参数的整数矩阵 $\nabla\Delta N$ 与实数矩阵 $\nabla\Delta\hat{N}$ 之间的距离平方为目标函数，求解双差整周模糊度的整数解 $\nabla\Delta N$ 的最优解是满足如下目标函数为最小值，即：

$$(\nabla\Delta N - \nabla\Delta\hat{N})^{\mathrm{T}}Q_{\nabla\Delta\hat{N}}^{-1}(\nabla\Delta N - \nabla\Delta\hat{N}) = \min \qquad (2\text{-}33)$$

由于式（2-33）无法直接求解，一般采用搜索算法从备选组中将满足式（2-33）的整数组合 $\nabla\Delta N$ 搜索出来。针对式（2-33），如果 $Q_{\nabla\Delta\hat{N}}^{-1}$ 为一对角矩阵，双差整周模糊度的整数解 $\nabla\Delta N$ 的最优解直接等于 $\nabla\Delta\hat{N}$ 的取整值。然而，由于受到各种误差来源的残差影响，$Q_{\nabla\Delta\hat{N}}^{-1}$ 通常并不是一个对角矩阵，也就是说不同整周模糊度值之间的相关性不再使双差整周模糊度的实数矩阵 $\nabla\Delta\hat{N}$ 的取整值为最优解，从而最优解需要通过建立搜索空间才能被确定。于是，建立一个关于双差整周模糊度参数的整数矩阵 $\nabla\Delta N$ 的搜索空间为：

$$(\nabla\Delta N - \nabla\Delta\hat{N})^{\mathrm{T}}Q_{\nabla\Delta\hat{N}}^{-1}(\nabla\Delta N - \nabla\Delta\hat{N}) < r \qquad (2\text{-}34)$$

式中，r 是搜索空间的阈值。

针对式（2-34）可以看出，这是一个以 $\nabla\Delta\hat{N}$ 为中心的椭球空间，由双差整周模糊度的协因数阵 $Q_{\nabla\Delta\hat{N}}$ 控制椭球空间的形状，由适当选择的常数值 R 控制椭球空间的大小。

然而，具有实际意义的权矩阵 $Q_{\nabla\Delta\hat{N}}^{-1}$ 对不同的双差整周模糊度参数有着不等的权重，当 $Q_{\nabla\Delta\hat{N}}^{-1}$ 对不同的双差整周模糊度参数之间的权重相差太大时，椭球空间就会变得相当狭长，这就会使得最优解看上去并不一定在实数解附近，有可能离实数解很远，遍历搜索工作将变得困难。

基于这样的背景下，LAMBDA 算法在整周模糊度实数解的基础上，先通过整数变换，在经过条件搜索，然后再整数逆变换，求解数个具有整数特性的整周模糊度整数解备选组，最后通过 Ratio 检验方法，确定整周模糊度的最优解。其中，LAMBDA 算法流程如图 2-5 所示。

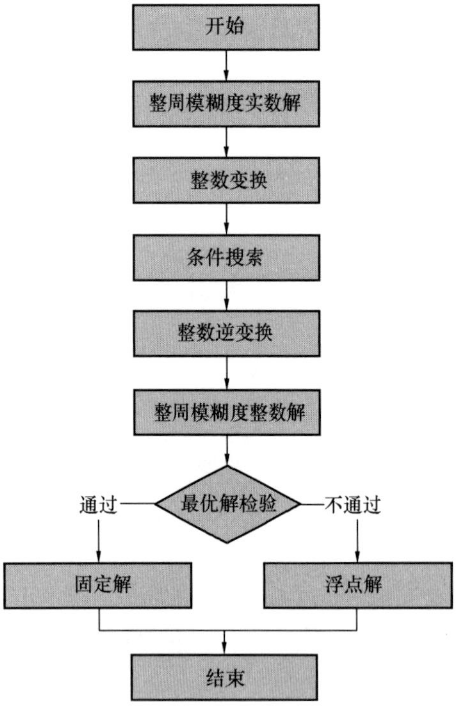

图 2-5 LAMBDA 算法流程

2.4.1.1　整数变换

首先对初始解得的整周模糊度实数解 $\nabla\Delta\hat{N}$ 及其对应的协因数矩阵 $\boldsymbol{Q}_{\nabla\Delta\hat{N}}$ 进行多维整数高斯变换（也称为 Z 变换）：

$$\begin{cases} \nabla\Delta\hat{M} = \boldsymbol{Z}^{\mathrm{T}} \cdot \nabla\Delta\hat{N} \\ \boldsymbol{Q}_{\nabla\Delta\hat{M}} = \boldsymbol{Z}^{\mathrm{T}} \cdot \boldsymbol{Q}_{\nabla\Delta\hat{N}} \cdot \boldsymbol{Z} \end{cases} \tag{2-35}$$

式中，$\nabla\Delta\hat{N}$ 和 $\boldsymbol{Q}_{\nabla\Delta\hat{N}}$ 分别为原空间中的双差整周模糊度实数解以及对应的协因数矩阵；$\nabla\Delta\hat{M}$ 和 $\boldsymbol{Q}_{\nabla\Delta\hat{M}}$ 分别为新空间中的双差整周模糊度实数解以及对应的协因数矩阵；$\boldsymbol{Z}$ 为整数变换矩阵，其所有元素均为整数，且行列式绝对值等于 1，对应的逆矩阵中所有元素也均是整数。

由于 $\boldsymbol{Q}_{\nabla\Delta\hat{N}}$ 和 $\boldsymbol{Q}_{\nabla\Delta\hat{M}}$ 为正定对称矩阵，且其各阶顺序主子式不为 0。因此，通过对 $\boldsymbol{Q}_{\nabla\Delta\hat{N}}$ 和 $\boldsymbol{Q}_{\nabla\Delta\hat{M}}$ 进行 Cholesky 分解：

$$\begin{cases} \boldsymbol{Q}_{\nabla\Delta\hat{N}} = \boldsymbol{L}_{\nabla\Delta\hat{N}}^{\mathrm{T}} \cdot \boldsymbol{D}_{\nabla\Delta\hat{N}} \cdot \boldsymbol{L}_{\nabla\Delta\hat{N}} \\ \boldsymbol{Q}_{\nabla\Delta\hat{M}} = \boldsymbol{L}_{\nabla\Delta\hat{M}}^{\mathrm{T}} \cdot \boldsymbol{D}_{\nabla\Delta\hat{M}} \cdot \boldsymbol{L}_{\nabla\Delta\hat{M}} \end{cases} \tag{2-36}$$

式中，$\boldsymbol{L}_{\nabla\Delta\hat{N}}$ 和 $\boldsymbol{L}_{\nabla\Delta\hat{M}}$ 为下三角矩阵，并且其对角线上的元素均为 1；$\boldsymbol{D}_{\nabla\Delta\hat{N}}$ 和 $\boldsymbol{D}_{\nabla\Delta\hat{M}}$ 为对角阵。其中：

$$\boldsymbol{L}_{\nabla\Delta\hat{N} \atop (s_n-1)\times(s_n-1)} = \begin{bmatrix} 1 & & & \\ l_{\nabla\Delta\hat{N}}^{21} & 1 & & \\ \vdots & \vdots & \ddots & \\ l_{\nabla\Delta\hat{N}}^{(s_n-1)1} & l_{\nabla\Delta\hat{N}}^{(s_n-1)2} & \cdots & 1 \end{bmatrix}, \boldsymbol{D}_{\nabla\Delta\hat{N} \atop (s_n-1)\times(s_n-1)} = \begin{bmatrix} d_{\nabla\Delta\hat{N}}^1 & & & \\ & d_{\nabla\Delta\hat{N}}^2 & & \\ & & \ddots & \\ & & & d_{\nabla\Delta\hat{N}}^{(s_n-1)} \end{bmatrix};$$

$$\boldsymbol{L}_{\nabla\Delta\hat{M} \atop (s_n-1)\times(s_n-1)} = \begin{bmatrix} 1 & & & \\ l_{\nabla\Delta\hat{M}}^{21} & 1 & & \\ \vdots & \vdots & \ddots & \\ l_{\nabla\Delta\hat{M}}^{(s_n-1)1} & l_{\nabla\Delta\hat{M}}^{(s_n-1)2} & \cdots & 1 \end{bmatrix}, \boldsymbol{D}_{\nabla\Delta\hat{M} \atop (s_n-1)\times(s_n-1)} = \begin{bmatrix} d_{\nabla\Delta\hat{M}}^1 & & & \\ & d_{\nabla\Delta\hat{M}}^2 & & \\ & & \ddots & \\ & & & d_{\nabla\Delta\hat{M}}^{(s_n-1)} \end{bmatrix}。$$

值得注意的是，经过 Cholesky 分解获得的 $\boldsymbol{L}_{\nabla\Delta\hat{N}}$ 和 $\boldsymbol{L}_{\nabla\Delta\hat{M}}$ 矩阵中 $l_{\nabla\Delta\hat{N}}$、$l_{\nabla\Delta\hat{M}}$ 元素若不为 0，这说明整周模糊度参数之间存在相关性。为降低整周模糊度参数之间的相关性，设定两个目标：

（1）使 $\boldsymbol{L}_{\nabla\Delta\hat{M}}$ 矩阵中的非对象线元素 $l_{\nabla\Delta\hat{M}}$ 满足 $|l_{\nabla\Delta\hat{M}}| \leqslant 0.5$。利用多维整数高斯变换方法对下三角矩阵 $\boldsymbol{L}_{\nabla\Delta\hat{N}}$ 中的非对角线元素 $l_{\nabla\Delta\hat{N}}^{ij}$ 依次进行检验：

1）如果 $|l_{\nabla\Delta\hat{N}}^{ij}| \leqslant 0.5$，则将 $\boldsymbol{Z}$ 矩阵中对应的子矩阵 $\boldsymbol{Z}^{ij}$ 赋值为单位矩阵 $\boldsymbol{I}_{(s_n-1)\times(s_n-1)}$，此时 $l_{\nabla\Delta\hat{M}}^{ij} = l_{\nabla\Delta\hat{N}}^{ij}$；

2）如果 $|l_{\nabla\Delta\hat{N}}^{ij}| > 0.5$，则将 $\boldsymbol{Z}$ 矩阵中对应的子矩阵 $\boldsymbol{Z}^{ij}$ 赋值为：

$$\boldsymbol{Z}^{ij} = \boldsymbol{I}_{(s_n-1)\times(s_n-1)} - \left[l_{\nabla\Delta\hat{N}}^{ij} \right] \cdot \boldsymbol{E}_{(s_n-1)\times1}^i \cdot (\boldsymbol{E}_j^{\mathrm{T}})_{1\times(s_n-1)} \tag{2-37}$$

式中，$[l_{\nabla\Delta\hat{N}}^{ij}]$ 为"四舍五入、奇进偶不进"取整；$E_{(s_n-1)\times 1}$ 为第 i 行均为 1、其余元素均为 0 的 $(s_n-1)\times 1$ 的列向量阵；$(E_j^{\mathrm{T}})_{1\times(s_n-1)}$ 为第 j 列均为 1、其余元素均为 0 的 $1\times(s_n-1)$ 的行向量阵。事实上，$L_{\nabla\Delta\hat{M}}$ 和 $L_{\nabla\Delta\hat{N}}$ 之间存在如下关系式 $L_{\nabla\Delta\hat{M}}=L_{\nabla\Delta\hat{N}}\cdot Z$。根据式（2-37）可知，$L_{\nabla\Delta\hat{M}}$ 中的元素 $l_{\nabla\Delta\hat{M}}$ 满足：

$$|l_{\nabla\Delta\hat{M}}^{ij}| = |l_{\nabla\Delta\hat{N}}^{ij} - [l_{\nabla\Delta\hat{N}}^{ij}]| \leqslant 0.5 \tag{2-38}$$

（2）对 $D_{\nabla\Delta\hat{M}}$ 矩阵中的对角线元素按降序进行排序变换。针对 $D_{\nabla\Delta\hat{M}}$ 矩阵中的对角线元素依次进行检验，并对不满足检验条件的对角线元素按降序进行排序。假设对 $d_{\nabla\Delta\hat{M}}^{i}$ 和 $d_{\nabla\Delta\hat{M}}^{i+1}$ 按照条件式（2-39）进行检验：

$$f(d) = d_{\nabla\Delta\hat{M}}^{i} - \left[1 - \left(l_{\nabla\Delta\hat{M}}^{i,i+1}\right)^2\right]\cdot d_{\nabla\Delta\hat{M}}^{i+1} \tag{2-39}$$

1）如果 $f(d)>0$，则不做调序变换；

2）如果 $f(d)\leqslant 0$，则需要对 $d_{\nabla\Delta\hat{M}}^{i}$ 和 $d_{\nabla\Delta\hat{M}}^{i+1}$ 进行调序变换，即不仅将 $d_{\nabla\Delta\hat{M}}^{i}$ 和 $d_{\nabla\Delta\hat{M}}^{i+1}$ 的位置（数值）互换之外，还需要将 $L_{\nabla\Delta\hat{M}}$ 矩阵中相应元素的数值进行调序变换。其中，调序变换矩阵为：

$$P^{i,i+1} = \begin{bmatrix} I_{i-1} & & & \\ & 0 & 1 & \\ & 1 & 0 & \\ & & & I_{(s_n-1)-(i+1)} \end{bmatrix} \tag{2-40}$$

式中，I_{i-1} 是 $(i-1)$ 维的单位矩阵；$I_{(s_n-1)-(i+1)}$ 是 $(s_n-1)-(i+1)$ 维的单位矩阵。

综上所述，经过调序变换并重新进行 Cholesky 分解，最终的整数变换矩阵即为所有降相关子矩阵 Z 及调序变换子矩阵 P 的乘积。

2.4.1.2 条件搜索

经过整数变换后双差整周模糊度原参数 $\nabla\Delta\hat{N}$ 变换为新参数 $\nabla\Delta\hat{M}$。欲求 $\nabla\Delta\hat{M}$ 的整数最小二乘解，实际上就是寻找整数组合 $\nabla\Delta M$ 满足条件式：

$$(\nabla\Delta M - \nabla\Delta\hat{M})^{\mathrm{T}} Q_{\nabla\Delta\hat{M}}^{-1}(\nabla\Delta M - \nabla\Delta\hat{M}) = \min \tag{2-41}$$

由于式（2-41）同样无法直接求解，一般采用搜索算法从备选组中将满足式（2-41）的整数组合 $\nabla\Delta M$ 搜索出来。

为了找到恰当的搜索空间（即椭球大小和椭球形状），通过整数变换将原先在一个狭长椭球体内对 $\nabla\Delta N$ 的搜索变成在一个近似球体空间内对 $\nabla\Delta M$ 的搜索，让最优整数解出现在实数解附近，缩小搜索空间，提高搜索效率。于是，建立的整周模糊度的搜索空间转换为：

$$(\nabla\Delta M - \nabla\Delta\hat{M})^{\mathrm{T}} Q_{\nabla\Delta\hat{M}}^{-1}(\nabla\Delta M - \nabla\Delta\hat{M}) < r \tag{2-42}$$

值得说明的是，r 值的确定决定了椭圆球搜索空间的大小。若 r 值的确定大了，则整周模糊度的搜索空间过大造成备选组过多，进而影响搜索的效率；反之，若 r 值的确定小了，整周模糊度的最优解可能落在搜索空间之外，出现"弃真"现象，将正确的整周模糊度限制于以 r 为半径的椭球体之外，进而造成无法搜索到最优解。在 LAMBDA 算法是通过某种方式确定 r 值，所有的条件搜索都是在固定半径 r 的椭球体空间中进行的。因此，这种固定半径的搜索效率依赖于 r 值确定的合理性。

2.4.1.3　整数逆变换

在条件搜索约束下，求得新参数的整数组合 $\nabla\Delta\boldsymbol{M}$ 以后，再进行整数逆变换，获得原来的整周模糊度的整数组合 $\nabla\Delta\boldsymbol{N}$：

$$\nabla\Delta\boldsymbol{N} = (\boldsymbol{Z}^{\mathrm{T}})^{-1} \cdot \nabla\Delta\boldsymbol{M} \tag{2-43}$$

经整数逆变换后的 $\nabla\Delta\boldsymbol{N}$ 应该满足式（2-33）。

2.4.1.4　最优解检验

由式（2-19），在整周模糊度解算过程中，针对数个具有整数特性的整周模糊度整数解备选组，若将第 i 组整周模糊度整数解代入式（2-19），单历元卫星定位的固定解残差为：

$$\boldsymbol{V}_i = \boldsymbol{A} \cdot \delta\boldsymbol{X} + \boldsymbol{B} \cdot \nabla\Delta\boldsymbol{N}_i + \nabla\Delta\boldsymbol{L} \tag{2-44}$$

式中，$\delta\boldsymbol{X}$ 为监控站三维坐标改正数；$\nabla\Delta\boldsymbol{N}_i$ 为第 i 组双差整周模糊度整数解。

结合双差载波相位观测值权矩阵 $\boldsymbol{P}_{\nabla\Delta\Phi}$，则固定解残差的二次型为：

$$\boldsymbol{\Omega}_i = \boldsymbol{V}_i^{\mathrm{T}} \cdot \boldsymbol{P}_{\nabla\Delta\Phi} \cdot \boldsymbol{V}_i \tag{2-45}$$

针对数个固定解残差的二次型结果，假设最优解和次优解的二次型分别用 $\Omega_{\min}$ 和 $\Omega_{\sec}$ 表示，则构造的 $Ratio$ 检验统计量为：

$$Ratio = \frac{\Omega_{\sec}}{\Omega_{\min}} \tag{2-46}$$

如果 $Ratio \geqslant R$，认为最优解检验通过，$\Omega_{\min}$ 所对应的那组双差整周模糊度整数解被确定为最优解，判定双差整周模糊度求解成功，输出的单历元卫星定位结果为固定解；否则，认为最优解检验不通过，判定双差整周模糊度求解失败，输出的单历元卫星定位结果为浮点解。其中，R 值的确定可以根据实际应用情况设置，通常取 $R=1.8\sim3.0$，其中 $R=3.0$ 为最佳。

2.4.2　MLAMBDA 算法

Chang X. W. 等人在 2005 年的 Journal of Geodesy 杂志上发表提出了一种基于 LAMBDA 的改进方法（A Modified LAMBDA Method for Integer Least-Squares Estimation，MLAMBDA）。MLAMBDA 方法是在 LAMBDA 算法的基础上，仅在条件搜索这一环节中改进椭球体半径 r 值的确定方式，不断地缩小搜索空间的椭球体半径 r 值，最终实现在大多数情况下应用 MLAMBDA 方法的搜索效率均优于传统的 LAMBDA 算法的搜索效率。因此，MLAMBDA 方法的核心思想在于改进的条件搜索方法，基本原理如下（Chang X W et al.，2005）：

对于任一整周模糊度 $\nabla\Delta\boldsymbol{M}_i$ 的备选值，是以整数变换矩阵 $\boldsymbol{Z}_i$ 为中心且以 $\sqrt{d^i_{\nabla\Delta\hat{M}} \cdot \left[r - \sum_{k=i+1}^{n} \frac{(Z_k - \nabla\Delta M_k)^2}{d^k_{\nabla\Delta\hat{M}}}\right]}$ 为半径的整数集构成的，那么有：

$$\nabla\Delta\boldsymbol{M}_i \begin{cases} \in \left\{Z_i - \sqrt{d^i_{\nabla\Delta\hat{M}} \cdot \left[r - \sum_{k=i+1}^{n} \frac{(Z_k - \nabla\Delta M_k)^2}{d^k_{\nabla\Delta\hat{M}}}\right]}, Z_i + \sqrt{d^i_{\nabla\Delta\hat{M}} \cdot \left[r - \sum_{k=i+1}^{n} \frac{(Z_k - \nabla\Delta M_k)^2}{d^k_{\nabla\Delta\hat{M}}}\right]}\right\} \\ \in \text{整数} \end{cases} \tag{2-47}$$

式中，$i=1,2,\cdots,s_n-1$。

设条件搜索的目标函数为：

$$r(\nabla\Delta\boldsymbol{M})=(\nabla\Delta\boldsymbol{M}-\nabla\Delta\hat{\boldsymbol{M}})^{\mathrm{T}}\boldsymbol{Q}_{\nabla\Delta\hat{\boldsymbol{M}}}^{-1}(\nabla\Delta\boldsymbol{M}-\nabla\Delta\hat{\boldsymbol{M}})$$

$$=\frac{(Z_1-\nabla\Delta M_1)^2}{d_{\nabla\Delta\hat{M}}^1}+\frac{(Z_2-\nabla\Delta M_2)^2}{d_{\nabla\Delta\hat{M}}^2}+\cdots+\frac{(Z_{s_n-1}-\nabla\Delta M_{s_n-1})^2}{d_{\nabla\Delta\hat{M}}^{s_n-1}}\leqslant r \quad (2\text{-}48)$$

由式（2-47）并根据误差分布理论可知：从整周模糊度的备选组的中心 Z_i 往两端搜索效率相比传统搜索方式要更高。从搜索的开始，首先设置搜索半径 r 为无穷大，从 Z_{s_n-1} 开始，依次往上以四舍五入的取整方式确定第一组整周模糊度参数向量解，简记为第一个候选解 $\nabla\Delta\boldsymbol{M}^{(1)}$。当需要一个最优解和一个次优解的整周模糊度固定解时，在第一个候选解 $\nabla\Delta\boldsymbol{M}^{(1)}$ 的备选组中取距离 Z_1 第二近的整数作为第一个整周模糊度参数的解，简记为第二个候选解 $\nabla\Delta\boldsymbol{M}^{(2)}$，则有关系式：

$$r(\nabla\Delta\boldsymbol{M}^{(1)})\leqslant r(\nabla\Delta\boldsymbol{M}^{(2)}) \quad (2\text{-}49)$$

于是，将第二个候选解 $\nabla\Delta\boldsymbol{M}^{(2)}$ 对应的 $r(\nabla\Delta\boldsymbol{M}^{(2)})$ 设为新的椭球体半径：

$$r=r(\nabla\Delta\boldsymbol{M}^{(2)}) \quad (2\text{-}50)$$

由式（2-50）可知，椭球体的半径 r 值获得缩小，即搜索空间得到压缩。后续搜索在新的搜索空间中进行，若某个候选解的条件搜索目标函数值小于当前的椭球体的半径，则再将此目标函数设为新的椭球体半径，如此重复循环，则随着搜索的进行，搜索空间由最开始的无穷大不断缩小，最终可以获得一个最优解和一个次优解。

值得说明的是，在开源软件 RTKlib 中使用 C/C++编程语言开发的 LAMBDA 算法分别采用了 LAMBDA 算法的降相关技术（整数变换、整数逆变换和最优解检验等环节）以及 MLAMBDA 方法的条件搜索技术（TAKASU，2013；丁鑫等，2020）。

2.4.3　DUFCOM 算法

双频相关法（Dual Frequency Correlation Method，DUFCOM）是由孙红星等人于2004 年针对 GPS 系统双频观测数据而提出的（孙红星等，2004）。DUFCOM 方法基本思想为：

（1）根据 GPS L1 和 L2 两个频载波相位数据的内在关系及其统计特性，针对任一整周模糊度参数，在观测值平差值域建立一条整周模糊度误差带，将利用 C/A 码伪距观测值的差分定位解算获得的整周模糊度参数约束在此误差带内，进而达到剔除大多数错误的整周模糊度整数解备选值，压缩搜索的范围，提高搜索的效率；

（2）在观测值平差值域和整周模糊度值域中进行交叉约束搜索，以实现仅使用单一各历元数据的 C/A 码观测值和 L1、L2 载波相位数据就能快速搜索确定出整周模糊度的备选组；

（3）针对所有的整周模糊度的备选组，依次代回单历元定位的函数模型中，寻找一个最优解和一个次优解的二次型，并通过 Ratio 统计检验量确定出整周模糊度的最优解。其中，DUFCOM 算法流程如图 2-6 所示。

2.4.3.1　建立观测值平差值域误差带

根据卫星定位高频数据载波相位单历元定位的函数模型，针对建筑塔式起重机卫星定

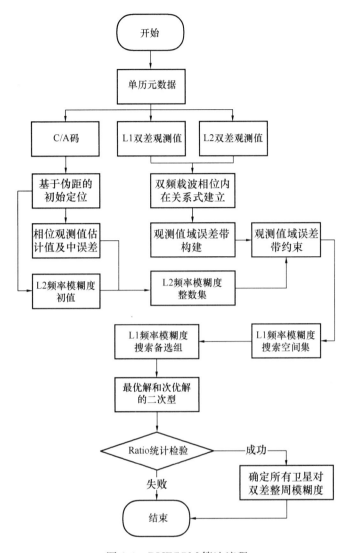

图 2-6　DUFCOM 算法流程

位智能监控系统应用的短基线（$\leqslant 10 \sim 15\mathrm{km}$）条件下，单历元双差载波相位观测方程可表示为：

$$\lambda \cdot (\nabla\Delta\Phi_{\mathrm{AB}}^{s_j s_k} + \nabla\Delta N_{\mathrm{AB}}^{s_j s_k}) = \nabla\Delta\rho_{\mathrm{AB}}^{s_j s_k} + \nabla\Delta\varepsilon_{\Phi_{\mathrm{AB}}^{s_j s_k}} \tag{2-51}$$

式中，λ 为载波波长；$\nabla\Delta\Phi$ 为双差载波相位观测值；$\nabla\Delta N$ 为双差整周模糊度，$\nabla\Delta N \in Z$；$\nabla\Delta\rho$ 为站星双差真实距离；$\nabla\Delta\varepsilon$ 为双差载波相位观测误差及大气延迟误差等残差项；角标 s_j 和 s_k 为导航卫星；角标 A 和 B 分别为基准站和监控站。

依据导航卫星信号两个频率之间的载波相位观测值内在关系，假设有任意两个频率 L1 和频率 L2，频率对应的波长分别为 λ_1 和 λ_2，则由式（2-51）可以建立如下关系式：

$$\begin{cases} \lambda_1 \cdot (\nabla\Delta\Phi_{1\mathrm{AB}}^{s_j s_k} + \nabla\Delta N_{1\mathrm{AB}}^{s_j s_k}) - \nabla\Delta\varepsilon_{\Phi_{1\mathrm{AB}}^{s_j s_k}} = \nabla\Delta\rho_{\mathrm{AB}}^{s_j s_k} \\ \lambda_2 \cdot (\nabla\Delta\Phi_{2\mathrm{AB}}^{s_j s_k} + \nabla\Delta N_{2\mathrm{AB}}^{s_j s_k}) - \nabla\Delta\varepsilon_{\Phi_{2\mathrm{AB}}^{s_j s_k}} = \nabla\Delta\rho_{\mathrm{AB}}^{s_j s_k} \end{cases} \tag{2-52}$$

式中，角标 1、2 分别为频率 L1、L2。若记误差残差项：

$$u = \frac{\nabla\Delta\varepsilon_{\Phi_{1AB}^{s_i s_k}} - \nabla\Delta\varepsilon_{\Phi_{2AB}^{s_i s_k}}}{\lambda_1} \tag{2-53}$$

将式（2-53）代入式（2-52），并经整理得：

$$\nabla\Delta N_{1AB}^{s_i s_k} = \frac{\lambda_2}{\lambda_1} \cdot (\nabla\Delta\Phi_{2AB}^{s_i s_k} + \nabla\Delta N_{2AB}^{s_i s_k}) - \nabla\Delta\Phi_{1AB}^{s_i s_k} + u \tag{2-54}$$

由式（2-54）可以看出：任意两个频率之间的双差载波相位观测值均能够建立这种线性关系式。这种线性关系式本质上是一条以 $\nabla\Delta N_{2AB}^{s_i s_k}$ 为平面坐标系的横轴、$\nabla\Delta N_{1AB}^{s_i s_k}$ 为平面坐标系的纵轴，斜率为 $k = \lambda_2/\lambda_1 = 1.83、1.93、2.03$，且与纵轴的相交宽度为 $2u$ 的直线带。将具有这种特征的直线带定义为双差载波相位观测值域整周模糊度误差带，简称误差带。其中，误差带示意图如图 2-7 所示。

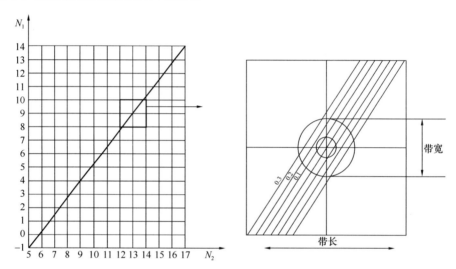

图 2-7　误差带示意图（郭际明等，2013）

由图 2-7 所示，将误差带跨越平面坐标系横轴的范围称为误差带的带长，以周为单位；误差带与平面坐标系纵轴的相交宽度 $2u$ 称为误差带的带宽，以周为单位。根据误差带的定义可知：由于一个双差载波相位观测方程可以建立一条误差带，所以以单一观测历元中含有几个双差载波相位观测方程，就可以建立几条误差带。

2.4.3.2　确定误差带的带长／带宽

在单一观测历元数据中，针对任一条误差带，利用 C/A 码伪距观测值采用差分定位模式进行最小二乘参数估计获得初步定位解结果。基于初步定位解结果进行反算载波相位观测值向量估计值和中误差 δ_ρ，从而确定相位观测值域整周模糊度误差带点的带长中间值：

$$\nabla\Delta N_{2AB}^{s_i s_k} = \left[\frac{\nabla\Delta\rho_{2AB}^{s_i s_k}}{\lambda_2} - \nabla\Delta\Phi_{2AB}^{s_i s_k} \right] \tag{2-55}$$

式中，[·] 为"四舍五入"取整运算。

然后，使用 3～5 倍的经过反算载波相位观测值向量估计值对应的中误差 δ_ρ 进行误差带带长的确定。根据式（2-53），如果不顾及差分残差，便假设两种载波相位的观测精度相同，则误差项 u 将服从正态分布。根据误差传播定律可知，其方差为：

$$D_u = 8 \times D_{\mathrm{L}} \tag{2-56}$$

式中，$D_{\mathrm{L}} = \sigma_0^2$ 为原始非差载波相位的观测方差，其值约为 $9 \times 10^{-6}\ \mathrm{m}^2$。

若取 u 的三倍中误差作为限差，则式（2-54）满足关系式：

$$|u| = \left| \nabla\Delta N_{1\mathrm{AB}}^{s_j s_k} - \frac{\lambda_2}{\lambda_1} \cdot (\nabla\Delta \varPhi_{2\mathrm{AB}}^{s_j s_k} + \nabla\Delta N_{2\mathrm{AB}}^{s_j s_k}) + \nabla\Delta \varPhi_{1\mathrm{AB}}^{s_j s_k} \right| < 3\sqrt{8 D_{\mathrm{L}}} \approx 0.1 \tag{2-57}$$

依概率 99.74% 成立。值得注意的是，如果顾及差分残差的影像，则式（2-57）右项数值还要放大。

2.4.3.3　两值域交叉约束搜索

首先通过 C/A 码伪距观测值进行初步定位，在初始定位结果的伪距观测值平差值域中，在误差带范围内对整周模糊度进行一次搜索，然后使用该搜索结果构建基于整周模糊度值域的搜索空间，再进行第二次搜索和 Ratio 检验，即可得到正确的整周模糊度值。

基于观测值域和整周模糊度值域的交叉条件搜索过程如下：

对于一个观测历元数据，由 C/A 码和载波相位观测值可列立关系式为：

$$\nabla\Delta \rho_{\mathrm{AB}}^{s_j s_k} - \nabla\Delta e = \lambda \cdot (\nabla\Delta N_{\mathrm{AB}}^{s_j s_k} + \nabla\Delta \varPhi_{\mathrm{AB}}^{s_j s_k}) - \nabla\Delta \varepsilon \tag{2-58}$$

式中，$\nabla\Delta \rho$ 为双差 C/A 码伪距观测值；$\nabla\Delta e$ 为双差 C/A 码伪距观测误差及大气延迟误差等差分残差。对式（2-58）经整理变形可得：

$$\nabla\Delta N_{\mathrm{AB}}^{s_j s_k} = \frac{\nabla\Delta \rho_{\mathrm{AB}}^{s_j s_k}}{\lambda} - \nabla\Delta \varPhi_{\mathrm{AB}}^{s_j s_k} + \frac{\nabla\Delta \varepsilon - \nabla\Delta e}{\lambda} \tag{2-59}$$

根据式（2-59），先使用 C/A 码伪距进行最小二乘定位，使用伪距定位结果反算载波相位观测值精度，使用 3～5 倍载波相位观测值向量估计值的中误差可将大多数误差带限制在 15 个数之内；如果误差带的带宽取值为 0.3，则在此范围内平均将有 5～6 个值入选。这样，完成了观测值平差值域误差带对双差整周模糊度对象的搜索后，然后再进行整周模糊度值域搜索空间的创建，并在此空间中进行再次搜索和 Ratio 检验，最终实现所有卫星对的双差整周模糊度快速确定。

2.4.4　单历元 DC 算法及扩展

单历元直接计算算法（Direct Calculation, DC）是由王新洲等人于 2007 年根据 GPS 变形监测网的特点而提出的一种 GPS 变形监测中单历元整周模糊度快速确定方法，简称单历元 DC 算法（王新洲等，2007）。根据 GPS 变形监测的特点，监测点的坐标是已知的或通过静态观测精确确定其首次坐标。由 GPS 差分定位原理（图 2-8）可以得到载波相位单差观测方程分别为：

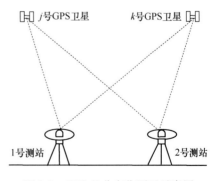

图 2-8　GPS 差分定位原理示意图

$$\lambda \cdot (\Delta N_{12}^j + \Delta \varPhi_{12}^j) = \Delta \rho_{12}^j + c \cdot (V_{t_1}^R - V_{t_2}^R) \tag{2-60}$$

$$\lambda \cdot (\Delta N_{12}^{k} + \Delta \Phi_{12}^{k}) = \Delta \rho_{12}^{k} + c \cdot (V_{t_1^R} - V_{t_2^R}) \tag{2-61}$$

式中，$\Delta(\cdot)$ 为单差算子，$\Delta N_{12} = N_1 - N_2$，$\Delta \Phi_{12} = \Phi_1 - \Phi_2$，$\Delta \rho_{12} = \rho_1 - \rho_2$；上角标 j, k 表示参考卫星和非参考卫星；其他含义同前。

根据式（2-60）和（2-61）可得载波相位双差观测方程为：

$$\lambda \cdot (\nabla \Delta N_{12}^{kj} + \nabla \Delta \Phi_{12}^{kj}) = \nabla \Delta \rho_{12}^{kj} \tag{2-62}$$

式中，$\nabla \Delta(\cdot)$ 为双差算子，$\nabla \Delta N_{12}^{kj} = \Delta N_{12}^{j} - \Delta N_{12}^{k}$；$\nabla \Delta \Phi_{12}^{kj} = \Delta \Phi_{12}^{j} - \Delta \Phi_{12}^{k}$；$\nabla \Delta \rho_{12}^{kj} = \Delta \rho_{12}^{j} - \Delta \rho_{12}^{k}$。

由式（2-62）整理得：

$$\nabla \Delta N_{12}^{kj} = \frac{\nabla \Delta \rho_{12}^{kj}}{\lambda} - \nabla \Delta \Phi_{12}^{kj} \tag{2-63}$$

从式（2-63）可以看出，当卫星的位置和监测点的位置均为已知时，根据式（2-63）即可直接计算出整周模糊度：

$$\nabla \Delta \widetilde{N}_{12}^{kj} = \left[\frac{\nabla \Delta \rho_{12}^{kj}}{\lambda} - \nabla \Delta \Phi_{12}^{kj} \right], \nabla \Delta \widetilde{N}_{12}^{kj} \in Z \tag{2-64}$$

式中，$[\cdot]$ 为"四舍五入"取整运算。式（2-64）即为 GPS 变形监测的单历元 DC 算法。

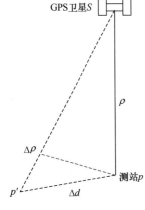

GPS卫星S

图 2-9 卫星与监测点距离示意图

事实上，监测点的变形量对整周模糊度解算的影响决定了单历元 DC 算法的适用范围。如图 2-9 所示，GPS 卫星到监测点间的几何距离为：

$$\rho = \sqrt{(X^S - X_M)^2 + (Y^S - Y_M)^2 + (Z^S - Z_M)^2} \tag{2-65}$$

式中，(X^S, Y^S, Z^S) 为卫星 S 的坐标；(X_M, Y_M, Z_M) 为监测点 M 的坐标。

根据载波相位的实际观测值 Φ 与卫地距 ρ 有如下关系：

$$\rho = \lambda \cdot (\Phi + N) \tag{2-66}$$

对式（2-66）整理得：

$$N = \frac{\rho}{\lambda} - \Phi \tag{2-67}$$

由式（2-67）对卫地距 ρ 参数进行全微分得：

$$\mathrm{d}N = \frac{1}{\lambda} \cdot \mathrm{d}\rho = \frac{\Delta x}{\lambda \rho_0} \cdot \mathrm{d}x_M + \frac{\Delta y}{\lambda \rho_0} \cdot \mathrm{d}y_M + \frac{\Delta z}{\lambda \rho_0} \cdot \mathrm{d}z_M \tag{2-68}$$

式中，λ 为载波波长；$\rho_0 = \sqrt{(X^S - X_{M_0})^2 + (Y^S - Y_{M_0})^2 + (Z^S - Z_{M_0})^2}$；$\Delta x = X^S - X_{M_0}$；$\Delta y = Y^S - Y_{M_0}$；$\Delta z = Z^S - Z_{M_0}$。其中，$(X_{M_0}, Y_{M_0}, Z_{M_0})$ 为监测点 M 的初始坐标。

对式（2-68）进行方差—协方差传播律可得：

$$\sigma_N^2 = \frac{1}{\lambda^2} \sigma_\rho^2 = \frac{\Delta x^2}{(\lambda \rho_0)^2} \cdot \sigma_x^2 + \frac{\Delta y^2}{(\lambda \rho_0)^2} \cdot \sigma_y^2 + \frac{\Delta z^2}{(\lambda \rho_0)^2} \cdot \sigma_z^2 \tag{2-69}$$

假如有 $\sigma_x = \sigma_y = \sigma_z$，式（2-69）可变得：

$$\sigma_N^2 = \frac{1}{\lambda^2} \sigma_\rho^2 = \frac{\Delta x^2 + \Delta y^2 + \Delta z^2}{(\lambda \rho_0)^2} \cdot \sigma_x^2 = \frac{1}{\lambda^2} \sigma_x^2 = \left(\frac{\sigma_x}{\lambda} \right)^2 \tag{2-70}$$

若要满足监测点的变形量对整周模糊度的影响小于或等于半周（$\delta N \leqslant 0.5$ 周），取一倍中误差，即满足：

$$\sigma_N \leqslant \frac{1}{2} \tag{2-71}$$

将式（2-71）代入式（2-70），可得：

$$\sigma_\rho = \sigma_x \leqslant \frac{1}{2} \cdot \lambda \tag{2-72}$$

对于 GPS L1 频率来说，由于 $\lambda_1 = 0.1903$m，所以有：

$$\sigma_x = \sigma_y = \sigma_z \leqslant \pm 0.09515\text{m} \tag{2-73}$$

综上所述，由图 2-9 可知，当监测点的位移量 Δd 满足以下算式时，可以保证监测点的变形量对 GPS L1 频率整周模糊度的影响小于或等于 0.5 周。这表明，在采用 GPS L1 载波相位观测值进行变形监测时，当监测点的变形量不超过 0.16m 时，采用单历元 DC 算法可以实时解算出整周模糊度，不需要进行整周模糊度的搜索和确认。其中，单历元 DC 算法流程如图 2-10 所示。

$$\Delta d = \sqrt{\sigma_x^2 + \sigma_y^2 + \sigma_z^2} = \sqrt{3\sigma_x^2} \leqslant 0.1648\text{m} \tag{2-74}$$

针对采用不同的卫星定位系统，由于各系统的主频率波长不一样，因此对应的监测点

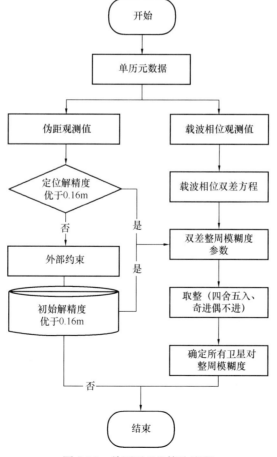

图 2-10　单历元 DC 算法流程

位移量 Δd 满足的特征条件见表 2-1 所示。其中：波长与频率之间的关系为：

$$\lambda = \frac{C}{f} \tag{2-75}$$

式中，光速 $C=299792458\text{m/s}$，λ 为波长；f 为频率。

各系统对应监测点位移量满足的特征条件 表 2-1

系统	频率 f_1（MHz）	波长 λ_1（m）	位移量 Δd（m）	算法名称
GPS	L1：1575.42	0.1903	0.1648	传统法（G_DC）
BDS	B1：1561.098	0.1920	0.1663	扩展法（C_DC）
GLONASS	L1：1598.0625～1609.3125	0.1863～0.1876	0.1613～0.1625	扩展法（R_DC）
GALILEO	E1：1575.42	0.1903	0.1648	扩展法（E_DC）

2.4.5　FARSE 算法

使用单历元数据的 GPS 快速整周模糊度确定算法（Fast Ambiguility Resolution Using Single Epoch Aata，FARSE）是郭际明教授团队于 2013 年提出的，解决了传统的 DUFCOM 算法单历元解算双差整周模糊度存在因观测卫星数过多而导致解算效率过低进而影响高频数据实时动态高效解算这一问题。其中，FARSE 算法流程图如图 2-11 所示。

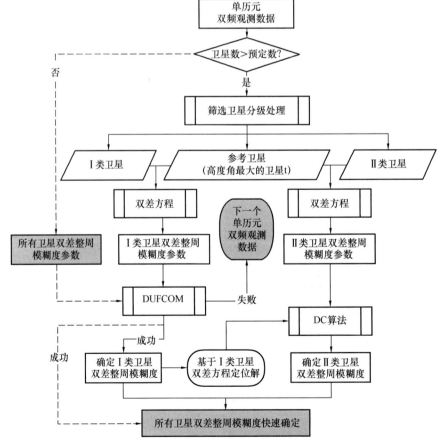

图 2-11　FARSE 算法流程图（周命端等，2022）

由图 2-11 可知，FARSE 算法基本思想为：

（1）卫星筛选分级处理。对每个观测历元的 GPS 卫星进行筛选分级处理，分为参考卫星、一级卫星和二级卫星。将高度角最大的卫星确定为参考卫星后，再依据卫星高度角与方位角信息，筛选出空间几何分布最佳的 5～7 颗卫星确定为一级卫星，剩余卫星确定为二级卫星。不论是一级卫星还是二级卫星都以参考卫星为基准星构造双差观测值和双差整周模糊度参数。

（2）DUFCOM 算法实现。利用 DUFCOM 算法单历元快速解算一级卫星双差整周模糊度参数，即可获得准确的一级卫星载波相位观测值，然后再根据最小二乘法原理，获得流动站坐标和点位中误差，称为单历元局部解。

（3）DC 算法实现。以单历元局部解作为流动站初始位置，利用 DC 算法直接解算二级卫星或再解一级卫星的双差整周模糊度参数，实现单历元快速解算双差整周模糊度，最终求得流动站坐标和点位中误差，称为单历元总体解。

2.5　BDS 高频数据单历元 $\nabla\Delta N$ 快速确定算法

北斗二号系统（BDS-2）或北斗三号系统（BDS-3）的卫星星座均由地球静止轨道（Geosynchronous Earth Orbit，GEO）、倾斜地球同步轨道（Inclined Geosynchronous Satellite Orbit，IGSO）、中圆地球轨道（Medium Earth Orbit，MEO）三种轨道导航卫星组成。这三种导航卫星也被北斗建设者称为"北斗三兄弟"。根据三种轨道导航卫星名称英文首字母的发音，又被称作"吉星"GEO、"爱星"IGSO 和"萌星"MEO。2022 年12 月 2 日当天全球范围能够观测到的北斗二号系统在轨导航卫星数为 15 颗，其中：MEO 卫星 3 颗、GEO 卫星 5 颗和 IGSO 卫星 7 颗；北斗三号系统在轨导航卫星数为 30 颗，其中：MEO 卫星 24 颗、GEO 卫星 3 颗和 IGSO 卫星 3 颗。值得说明的是，中国的北斗卫星导航系统共发射了 61 颗卫星，当前在轨实际工作的卫星数为 45 颗。

在传统的 DUFCOM 方法基础上，考虑 BDS 系统具有多个频率信号（B1I、B3I、B2a、B2b 和 B1C）特点，设计一种适用于 BDS 系统的高频数据单历元 $\nabla\Delta N$ 快速确定算法（简称为 BDS_DUFCOM 方法）；然后，又在传统的 FARSE 算法基础上，并顾及 BDS 系统的导航卫星属于混合星座（GEO、IGSO 和 MEO）（表 2-2），进而提出一种适用于 BDS 系统的高频数据单历元 $\nabla\Delta N$ 快速确定算法（简称为 BDS_FARSE 方法）。下面逐一进行介绍。

BDS 系统在轨卫星星座基本信息（2022 年 12 月 2 日）　　　　表 2-2

序号	导航卫星	发射日期	运载火箭	运行轨道	播发频率
1	北斗二号	2010 年 8 月 1 日	长征三号甲	IGSO-1	B1I/B2I/B3I
2	北斗二号	2010 年 11 月 1 日	长征三号丙	GEO-4	B1I/B2I/B3I
3	北斗二号	2010 年 12 月 18 日	长征三号甲	IGSO-2	B1I/B2I/B3I
4	北斗二号	2011 年 4 月 10 日	长征三号甲	IGSO-3	B1I/B2I/B3I

序号	导航卫星	发射日期	运载火箭	运行轨道	播发频率
5	北斗二号	2011年7月27日	长征三号甲	IGSO-4	B1I/B2I/B3I
6	北斗二号	2011年12月2日	长征三号甲	IGSO-5	B1I/B2I/B3I
7	北斗二号	2012年2月25日	长征三号丙	GEO-5	B1I/B2I/B3I
8	北斗二号	2012年4月30日	长征三号乙	MEO-3	B1I/B2I/B3I
9	北斗二号	2012年4月30日	长征三号乙	MEO-4	B1I/B2I/B3I
10	北斗二号	2012年9月19日	长征三号乙	MEO-6	B1I/B2I/B3I
11	北斗二号	2012年10月25日	长征三号丙	GEO-6	B1I/B2I/B3I
12	北斗二号	2016年3月30日	长征三号甲	IGSO-6	B1I/B2I/B3I
13	北斗二号	2016年6月12日	长征三号丙	GEO-7	B1I/B2I/B3I
14	北斗二号	2018年7月10日	长征三号甲	IGSO-7	B1I/B2I/B3I
15	北斗二号	2019年5月17日	长征三号丙	GEO-8	B1I/B2I/B3I
16	北斗三号	2017年11月5日	长征三号乙	MEO-1	B1I/B3I/B1C/B2a/B2b
17	北斗三号	2017年11月5日	长征三号乙	MEO-2	B1I/B3I/B1C/B2a/B2b
18	北斗三号	2018年1月12日	长征三号乙	MEO-7	B1I/B3I/B1C/B2a/B2b
19	北斗三号	2018年1月12日	长征三号乙	MEO-8	B1I/B3I/B1C/B2a/B2b
20	北斗三号	2018年2月12日	长征三号乙	MEO-3	B1I/B3I/B1C/B2a/B2b
21	北斗三号	2018年2月12日	长征三号乙	MEO-4	B1I/B3I/B1C/B2a/B2b
22	北斗三号	2018年3月30日	长征三号乙	MEO-9	B1I/B3I/B1C/B2a/B2b
23	北斗三号	2018年3月30日	长征三号乙	MEO-10	B1I/B3I/B1C/B2a/B2b
24	北斗三号	2018年7月29日	长征三号乙	MEO-5	B1I/B3I/B1C/B2a/B2b
25	北斗三号	2018年7月29日	长征三号乙	MEO-6	B1I/B3I/B1C/B2a/B2b
26	北斗三号	2018年8月25日	长征三号乙	MEO-11	B1I/B3I/B1C/B2a/B2b
27	北斗三号	2018年8月25日	长征三号乙	MEO-12	B1I/B3I/B1C/B2a/B2b
28	北斗三号	2018年9月19日	长征三号乙	MEO-13	B1I/B3I/B1C/B2a/B2b
29	北斗三号	2018年9月19日	长征三号乙	MEO-14	B1I/B3I/B1C/B2a/B2b
30	北斗三号	2018年10月15日	长征三号乙	MEO-15	B1I/B3I/B1C/B2a/B2b
31	北斗三号	2018年10月15日	长征三号乙	MEO-16	B1I/B3I/B1C/B2a/B2b
32	北斗三号	2018年11月1日	长征三号乙	GEO-1	B1I/B3I
33	北斗三号	2018年11月19日	长征三号乙	MEO-17	B1I/B3I/B1C/B2a/B2b
34	北斗三号	2018年11月19日	长征三号乙	MEO-18	B1I/B3I/B1C/B2a/B2b
35	北斗三号	2019年4月20日	长征三号乙	IGSO-1	B1I/B3I/B1C/B2a/B2b
36	北斗三号	2019年6月25日	长征三号乙	IGSO-2	B1I/B3I/B1C/B2a/B2b
37	北斗三号	2019年9月23日	长征三号乙	MEO-23	B1I/B3I/B1C/B2a/B2b
38	北斗三号	2019年9月23日	长征三号乙	MEO-24	B1I/B3I/B1C/B2a/B2b
39	北斗三号	2019年11月5日	长征三号乙	IGSO-3	B1I/B3I/B1C/B2a/B2b
40	北斗三号	2019年11月23日	长征三号乙	MEO-21	B1I/B3I/B1C/B2a/B2b
41	北斗三号	2019年11月23日	长征三号乙	MEO-22	B1I/B3I/B1C/B2a/B2b
42	北斗三号	2019年12月16日	长征三号乙	MEO-19	B1I/B3I/B1C/B2a/B2b
43	北斗三号	2019年12月16日	长征三号乙	MEO-20	B1I/B3I/B1C/B2a/B2b
44	北斗三号	2020年3月9日	长征三号乙	GEO-2	B1I/B3I
45	北斗三号	2020年6月23日	长征三号乙	GEO-3	B1I/B3I

2.5.1　BDS_DUFCOM 方法

传统的 DUFCOM 方法是针对 GPS 系统 L1 和 L2 频率设计的，本方法是在传统的 DUF-COM 方法基础上而改进的适用于 BDS 系统多频率信号的高频数据单历元 $\nabla\Delta N$ 快速确定算法，简称为 BDS_DUFCOM 方法。其中，BDS_DUFCOM 方法流程如图 2-12 所示。

由图 2-12，BDS_DUFCOM 方法针对 BDS 单历元高频观测数据具有多个频率信号（B1I、B3I、B2a、B2b 和 B1C）特点，基于多频信号进行主频率和辅频率的确定，在主频率和辅频率之间建立双频载波相位内在关系式，构建观测值域误差带，并利用 Gold 伪距观测值反算

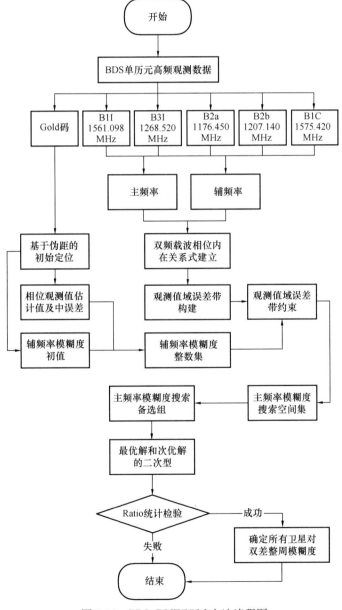

图 2-12　BDS_DUFCOM 方法流程图

载波相位观测值估计值和中误差，建立辅频率模糊度整数集，最后在观测值域和模糊度值域之间进行交叉约束，通过 Ratio 统计检验，确定所有卫星对双差整周模糊度。

2.5.2　BDS_FARSE 算法

在分析传统的 FARSE 算法基础上，并顾及 BDS 系统导航卫星混合星座（GEO、IGSO、MEO），考虑到 DC 算法优势，进而设计一种 BDS_FARSE 算法。其中 BDS_FARSE 算法如图 2-13 所示。

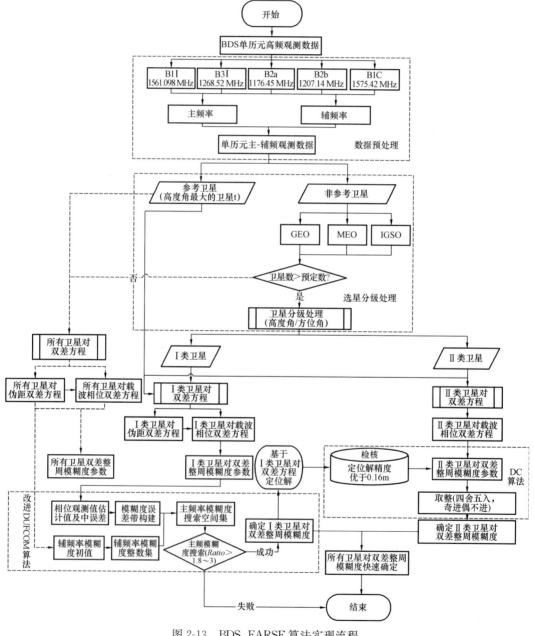

图 2-13　BDS_FARSE 算法实现流程

由图 2-13，BDS_FARSE 方法是在 BDS_DUFCOM 算法和 C_DC 算法基础上，将 BDS_DUFCOM 算法和 C_DC 算法进行组合，并在"选星分级处理"策略中，首先是将卫星高度角最大的 BDS 卫星确定为参考卫星，剩余卫星归入非参考卫星；然后，针对非参考卫星，顾及 BDS 系统 GEO/IGSO/MEO 卫星类型的异同，按照两两相邻卫星进行卫星方位角差比较，得到卫星方位角差最小的两颗卫星，保留这两颗卫星中卫星高度角小的卫星，然后重复上述过程，直到获得预定数量（一般为 6～8 颗）BDS 卫星确定为 I 类卫星；最后，将非参考卫星中的剩余卫星确定为 II 类卫星。

2.6　算法验证与分析

2.6.1　实验方案设计

为验证与分析卫星定位中基于高频数据的单历元监控算法的可行性和有效性以及评估监控算法的测量精度，根据本章给出的算法模型与方法，基于 Visual Studio 2010 平台，运用 C♯ 编程语言，建立了相应的数据处理程序模块，并于 2021 年 4 月 10 日在某大型塔体上部某组合角钢位置固定安装 1 台某品牌测量型接收机作为监控站（参考坐标为：$x = *079.951\text{m}$，$y = *486.074\text{m}$，$H = 42.080\text{m}$，"*"表示省略数字），并于试验现场附近空旷处架设 1 台相同品牌的测量型接收机作为基准站，并选取 BDS 系统高频数据为例，利用本章探讨的高频数据单历元定位模型，并采用 BDS_FARSE 算法快速确定 $\nabla\Delta N$ 参数进行单历元监控算法验证与监控精度分析。其中，接收机采样率均设置为 1Hz，卫星截止高度角均设置为 10°，基准站与监测站之间的空间距离约为 60m。

为定量分析卫星定位单历元监控算法性能精度，本次试验数据分析选取 30 min 共 1800 个连续观测历元的高频数据（1Hz），利用相应的数据处理程序模块进行数据处理与分析，将获得的监控测量结果进行数值统计与分析，并从可用性分析和监控精度分析两个方面进行算法的性能验证。

2.6.2　可用性分析

为分析大型塔体观测环境下卫星定位单历元监控算法的可用性情况，针对 30 min 共 1800 个连续观测历元分析监控站用于有效差分定位解算的 BDS 卫星数和 PDOP 值随观测历元序列变化趋势情况。其中，图 2-14 给出了 BDS 卫星数和 PDOP 值的历元序列分析结果。

从图 2-14 可以看出，针对 30min 共 1800 个历元的时间序列分析结果，监控站用于有效差分定位解算的 BDS 卫星数在 7～9 颗之间，PDOP 值在 2.0～4.3 之间，其中：PDOP<6 的占比为 100%，依据《卫星定位城市测量技术标准》CJJ/T 73—2019，本次实验现场卫星视域观测条件良好。

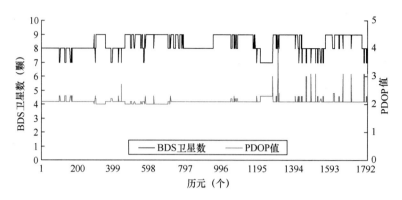

图 2-14   BDS 卫星数和 PDOP 值的历元序列分析

2.6.3   监控精度分析

为分析大型塔体观测环境下卫星定位单历元监控算法的监控精度情况，针对选取 30min 共 1800 个历元的测量结果进行数值分析，获得了监控站平面位置动态测量结果（图 2-15）及高程动态测量结果（图 2-16）。

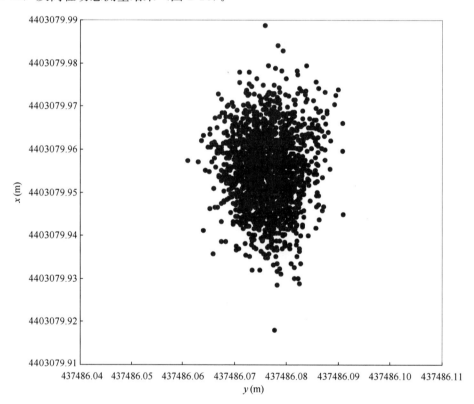

图 2-15   平面位置动态测量结果

图 2-15、图 2-16 对所选取的 30min 共 1800 个历元的监控结果进行统计与分析，获得

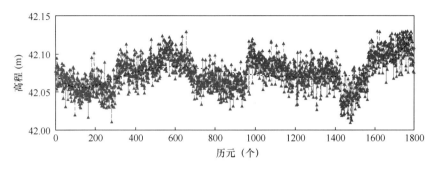

图 2-16　高程动态测量结果

了监控站基于位置信息的数值统计结果。监控站位置数据统计结果见表 2-3 所示。

监控站位置数据统计结果　　　　　　　　表 2-3

指标项	平面		高程（m）
	x 坐标（m）	y 坐标（m）	
最大值	＊079.989	＊486.091	42.130
最小值	＊079.918	＊486.061	42.010
平均值	＊079.075	＊486.076	42.075
最大值与最小值的较差值	0.030	0.071	0.120

注："＊"表示省略数字。

从表 2-3 可以看出，监控站对所选取的 30min 共 1800 个历元的监控结果在平面 x 方向上的最大较差值为 3.0cm、平面 y 方向上的最大较差值为 7.1cm，在高程方向上的最大较差值 12.0cm。

为进一步评估与分析单历元监控算法的监控精度，对所选取的 30min 共计 1800 个历元的监控结果从北向中误差（x）、东向中误差（y）和高程向中误差（H）以及平面精度和点位精度等 5 个方面分别按内符合精度（STD）和外符合精度（RMS）进行精度指标统计分析。精度指标统计分析结果见表 2-4 所示。其中，STD 和 RMS 的计算公式为：

$$\begin{cases} STD = \sqrt{\sum_{j=1}^{m} \Delta \overline{x}^2 / (m-1)} \\ RMS = \sqrt{\sum_{j=1}^{m} \Delta x^2 / m} \end{cases} \quad (2-76)$$

式中，$\Delta \overline{x} = x_j - \overline{x}$ 为监测值与平均值之差，$\Delta x = x_j - \tilde{x}$ 为监测值与参考值之差，m 为统计的观测历元数。

RMS 统计分析结果　　　　　　　　表 2-4

指标项	x（cm）	y（cm）	H（cm）	平面（cm）	点位（cm）
STD	0.9	0.5	2.1	1.0	2.3
RMS	1.0	0.5	2.2	1.1	2.5

从表 2-4 可以看出，针对监控站所选取的 30min 共 1800 个历元的测量结果，内符合

精度（STD）在 x 方向为 0.9cm，y 方向上为 0.5cm，高程方向为 2.1cm，平面 $STD=$ 1.0cm，点位 $STD=2.3$cm；外符合精度（RMS）在 x 方向为 1.0cm、y 方向为 0.5cm、H 方向为 2.2cm 以及平面 $RMS=1.1$cm 和点位 $RMS=2.5$cm。其中，30min 共 1800 个连续监控历元的 $\nabla\Delta N$ 双差整周模糊度可靠性检验 $Ratio \geqslant 3$ 的成功率为 100%。

2.6.4　实验总结

本节基于高频数据的单历元定位数学模型，采用 BDS_FARSE 算法快速确定 $\nabla\Delta N$ 双差整周模糊度，并基于 Visual Studio 2010 平台，运用 C♯ 编程语言，建立了相应的数据处理程序模块，从可用性分析和监控精度分析两个方面进行算法验证与性能评估。实验结果表明：针对 30min 共 1800 个连续监控历元的 $\nabla\Delta N$ 双差整周模糊度可靠性检验 $Ratio \geqslant$ 3 的成功率为 100%，且不论是内符合精度还是外符合精度的单历元监控算法的测量精度在 x 方向优于 1.5cm、y 方向优于 1.0cm、H 方向优于 2.5cm 以及平面 RMS 优于 2.0cm 和点位 RMS 优于 3.0cm，从而验证了所述算法模型与方法是可行且有效的，为建筑塔式起重机卫星定位智能监控系统研制提供了一种高精度卫星定位单历元监控算法。

2.7　本章小结

本章首先从载波相位观测值测量的基本原理出发，建立载波相位观测基本方程，简要阐述了载波相位高精度卫星定位方法，并从单差技术、双差技术、三差技术的载波相位差分技术入手，建立了对应的载波相位差分观测方程，阐述了采用载波相位双差技术的主要原因；详细推导了基于高频数据的单历元定位数学模型，包括函数模型和随机模型；然后，指出了基于高频数据的载波相位单历元定位函数模型中 $\Delta\nabla N$ 快速固定为整数值矩阵的重要意义，探讨了几种典型的高频数据单历元快速确定算法，包括 LAMBDA 算法、MLABDA 算法、DUFCOM 算法、单历元 DC 算法及扩展和 FARSE 算法，在此基础上，提出了 BDS 高频数据单历元快速确定算法，包括 BDS_DUFCOM 方法和 BDS_FARSE 算法。最后，基于高频数据的单历元定位数学模型，采用 BDS_FARSE 算法快速确定 $\nabla\Delta N$ 双差整周模糊度，并基于 Visual Studio 2010 平台，运用 C♯ 编程语言，建立了相应的数据处理程序模块，从可用性分析和监控精度分析两个方面进行算法验证与性能评估，为建筑塔式起重机用卫星定位智能监控提供一种实时高精度强可靠的卫星定位单历元监控算法。

第3章 智能监控卫星定位方法及装置

本章首先给出建筑塔式起重机用单历元双差整周模糊度快速确定方法，并结合建筑塔式起重机卫星定位智能监控系统可靠性的实际需求，又给出建筑塔式起重机用单历元双差整周模糊度解算检核方法。为满足建筑塔式起重机卫星定位智能监控技术应用需求，分别提出塔顶位置卫星定位三维动态检测与分级预警装置、臂尖卫星定位动态监测方法和系统以及横臂位置精准定位可靠性验证方法；在此基础上，提出吊钩位置卫星定位方法及系统和吊钩位置精准定位可靠性验证系统。本章提出的智能监控卫星定位方法及装置为建筑塔式起重机智能监控系统实现提供一种全新的高精度卫星定位解决思路。

3.1 单历元双差整周模糊度快速确定及装置

本节公开了一种建筑塔式起重机用单历元双差整周模糊度快速确定方法及装置，尤其涉及将卫星定位接收机应用于塔式起重机智能监控技术领域。在高精度卫星定位领域中通常采用卫星定位的载波相位测量法实现高精度的定位。

3.1.1 背景技术

卫星定位的载波相位信号是一种周期性的正弦信号，而载波相位测量法只能测量其不足一个周（波长）的部分，因而存在初始整周数不确定性的问题，称为整周模糊度（或整周未知数）。整周模糊度的快速确定是实现高精度卫星定位实时动态定位（Real-Time Kinmeatincs，RTK）的关键技术之一。

为快速确定整周模糊度，本领域的诸多专家学者进行了各种努力，提出了各种方法，也取得了很多成就。但是在实际工程应用实践中，尤其是在塔式起重机卫星定位智能监控系统研制中，基于高精度卫星定位实时动态定位的实际应用需求，目前的算法或方法仍然存在不足或有改进的必要，通过减少非必要的运算量，提升快速确定整周模糊度的效率和成功率，进而提高卫星定位载波相位测量法的定位解算的效率和精度。

3.1.2 发明内容

本节提供了一种塔式起重机用单历元双差整周模糊度快速确定方法，所述方法包括：

（1）卫星筛选分级处理步骤，对单历元的所有观测卫星进行筛选分级，分为参考卫星、Ⅰ类卫星和Ⅱ类卫星。其中，Ⅰ类卫星是卫星空间几何分布相对较佳的预定数量的卫星，Ⅱ类卫星是参考卫星和Ⅰ类卫星之外的卫星，是卫星空间几何分布相对较差的卫星；

（2）双差载波相位观测方程建立步骤，建立Ⅰ类卫星对的双差载波相位观测方程和Ⅱ类卫星对的双差载波相位观测方程；Ⅰ类卫星对局部解算步骤，解算检核所述的Ⅰ类卫星对的双差整周模糊度，获得检核通过的Ⅰ类卫星对的双差整周模糊度，再解算Ⅰ类卫星对可用于定位的局部解；

（3）Ⅱ类卫星对双差整周模糊度确定步骤，将所述Ⅰ类卫星对用于定位的局部解代入到Ⅱ类卫星对的双差载波相位观测方程，取整解算Ⅱ类卫星对的双差整周模糊度；

（4）根据Ⅰ类卫星对的双差整周模糊度和Ⅱ类卫星对的双差整周模糊度，确定卫星定位单历元双差整周模糊度。

同时，还提供了一种塔式起重机卫星定位智能监控系统，所述系统包括基准站和监控站的卫星定位接收机以及通信链路，所述卫星定位接收机使用前述的塔式起重机用单历元双差整周模糊度快速确定方法。所述卫星定位接收机包括安装在塔式起重机的施工现场附近的基准站北斗/GNSS接收机和塔臂或塔身（塔顶）上的监控站北斗/GNSS接收机。

根据本发明的技术方案，可以更快速高效地解算整周未知数参数，对单历元的所有观测卫星进行筛选分级，控制预定数量的Ⅰ类卫星，进而大幅压缩了单历元卫星对双差整周模糊度的搜索空间，加快了单历元双差整周模糊度解算效率，从而可以适当提高基准站和监控站的北斗/GNSS接收机采样率。例如，将北斗/GNSS接收机采样率提高到10～50Hz，不影响本发明技术方案的定位精度和定位可靠性，具有重要的创新性和实用价值。

3.1.3　具体实施方式

本节提供了一种塔式起重机用单历元双差整周模糊度确定算法流程如图3-1所示。

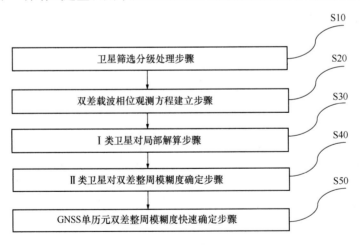

图 3-1　快速确定算法流程

根据图3-1，塔式起重机用单历元双差整周模糊度快速确定方法的算法流程步骤如下：

首先，在步骤S10进行卫星筛选分级处理，即对单历元的所有观测卫星进行筛选分级，分为参考卫星、Ⅰ类卫星和Ⅱ类卫星，Ⅰ类卫星是卫星空间几何分布相对较佳的预定数量的卫星，Ⅱ类卫星是参考卫星和Ⅰ类卫星之外的卫星，是卫星空间几何分布相对较差的卫星。在步骤 S10 中，首先，将卫星高度角最大的卫星确定为参考卫星；然后，针对参考卫星之外的卫星，按照两两相邻卫星进行卫星方位角差比较，得到卫星方位角差最小的两颗卫星，保留这两颗卫星中卫星高度角小的卫星，然后重复，得到预定数量的卫星确定为Ⅰ类卫星；最后，将剩余卫星确定为Ⅱ类卫星。将预定数量预定为 SatNum 颗，其中，SatNum 数可以根据北斗/GNSS 接收机采样间隔如下地确定：

$$SatNum = \begin{cases} 8 \sim 10, & \text{若 } 1s < T \leqslant 10s \\ 6 \sim 7, & \text{若 } T = 1s \\ 3 \sim 5, & \text{若 } 100ms \leqslant T < 1s \end{cases} \tag{3-1}$$

式中，$SatNum$ 为所述预定数量，$SatNum$ 为正整数，单位为颗；T 为北斗/GNSS 接收机采样间隔，$T = \dfrac{1}{F}$，其中：F 为北斗/GNSS 接收机采样率。

然后，在步骤 S20 的双差载波相位观测方程建立步骤，建立Ⅰ类卫星对的双差载波相位观测方程和Ⅱ类卫星对的双差载波相位观测方程。在步骤 S20，按下式建立Ⅰ类卫星对的双差载波相位观测方程：

$$\begin{cases} \lambda \cdot \nabla\Delta\Phi_{bm}^{i1} = (\nabla\Delta\rho_{bm}^{i1})^0 + \Delta p_m^{i1} \cdot V_{X_m} + \Delta q_m^{i1} \cdot V_{Y_m} + \Delta s_m^{i1} \cdot V_{Z_m} + \lambda \cdot \nabla\Delta N_{bm}^{i1} \\ \qquad\qquad\vdots \\ \lambda \cdot \nabla\Delta\Phi_{bm}^{ij_1} = (\nabla\Delta\rho_{bm}^{ij_1})^0 + \Delta p_m^{ij_1} \cdot V_{X_m} + \Delta q_m^{ij_1} \cdot V_{Y_m} + \Delta s_m^{ij_1} \cdot V_{Z_m} + \lambda \cdot \nabla\Delta N_{bm}^{ij_1} \\ \qquad\qquad\vdots \\ \lambda \cdot \nabla\Delta\Phi_{bm}^{is} = (\nabla\Delta\rho_{bm}^{is})^0 + \Delta p_m^{is} \cdot V_{X_m} + \Delta q_m^{is} \cdot V_{Y_m} + \Delta s_m^{is} \cdot V_{Z_m} + \lambda \cdot \nabla\Delta N_{bm}^{is} \end{cases} \tag{3-2}$$

按下式建立Ⅱ类卫星对的双差载波相位观测方程：

$$\begin{cases} \lambda \cdot \nabla\Delta\Phi_{bm}^{i(s+1)} = (\nabla\Delta\rho_{bm}^{i(s+1)})^0 + \Delta p_m^{i(s+1)} \cdot V_{X_m} + \Delta q_m^{i(s+1)} \cdot V_{Y_m} + \Delta s_m^{i(s+1)} \cdot V_{Z_m} + \lambda \cdot \nabla\Delta N_{bm}^{i(s+1)} \\ \qquad\qquad\vdots \\ \lambda \cdot \nabla\Delta\Phi_{bm}^{i(s+j_2)} = (\nabla\Delta\rho_{bm}^{i(s+j_2)})^0 + \Delta p_m^{i(s+j_2)} \cdot V_{X_m} + \Delta q_m^{i(s+j_2)} \cdot V_{Y_m} + \Delta s_m^{i(s+j_2)} \cdot V_{Z_m} + \lambda \cdot \nabla\Delta N_{bm}^{i(s+j_2)} \\ \qquad\qquad\vdots \\ \lambda \cdot \nabla\Delta\Phi_{bm}^{i(s+k)} = (\nabla\Delta\rho_{bm}^{i(s+k)})^0 + \Delta p_m^{i(s+k)} \cdot V_{X_m} + \Delta q_m^{i(s+k)} \cdot V_{Y_m} + \Delta s_m^{i(s+k)} \cdot V_{Z_m} + \lambda \cdot \nabla\Delta N_{bm}^{i(s+k)} \end{cases}$$

$$\tag{3-3}$$

式中，s 为Ⅰ类卫星对的总数，j_1 表示Ⅰ类卫星，$j_1 = 1, 2, \cdots, s$，k 为Ⅱ类卫星对的总数，j_2 表示Ⅱ类卫星，$j_2 = 1, 2, \cdots, k$，i 表示参考卫星，λ 为频率信号的波长，下标 b 表示基准站，下标 m 表示监控站，$\nabla\Delta\Phi_{bm}^{ij_1}$ 表示Ⅰ类卫星对的双差载波相位观测值，$(\nabla\Delta\rho_{bm}^{ij_1})^0$ 表示Ⅰ类卫星对的站星间距离观测值与卫地距差之差，$\Delta p_m^{ij_1}$、$\Delta q_m^{ij_1}$ 和 $\Delta s_m^{ij_1}$ 表示Ⅰ类卫星对的卫地距方向余弦系数，$\nabla\Delta N_{bm}^{ij_1}$ 表示Ⅰ类卫星对的双差整周模糊度，$\nabla\Delta\Phi_{bm}^{i(s+j_2)}$ 表示Ⅱ类卫星对的双差载波相位观测值，$(\nabla\Delta\rho_{bm}^{i(s+j_2)})^0$ 表示Ⅱ类卫星对的站星间距离观测值与卫地距差之差，$\Delta p_m^{i(s+j_2)}$、$\Delta q_m^{i(s+j_2)}$ 和 $\Delta s_m^{i(s+j_2)}$ 表示Ⅱ类卫星对的卫地距方向余弦系数，$\nabla\Delta N_{bm}^{i(s+j_2)}$ 表示Ⅱ类卫星对的双差整周模糊度，V_{X_m}、V_{Y_m} 和 V_{Z_m} 为监控站 m 的三维坐标改正数，$1 + s + k$ 为正整数，指本历元观测的卫星的总数。

接着，在步骤 S30 的Ⅰ类卫星对局部解算步骤，解算检核所述的Ⅰ类卫星对的双差整周模糊度，获得检核通过的Ⅰ类卫星对的双差整周模糊度，再解算Ⅰ类卫星对可用于定位的局部解。在步骤 S30 中进行Ⅰ类卫星对的双差整周模糊度解算流程如图 3-2 所示。

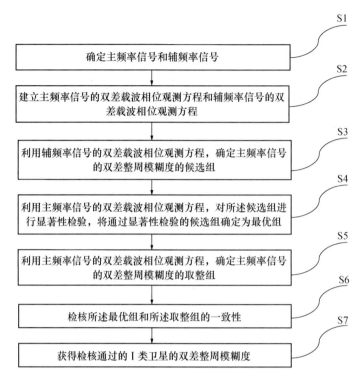

图 3-2　Ⅰ类卫星对的双差整周模糊度解算流程

根据图 3-2，Ⅰ类卫星对的双差整周模糊度解算流程步骤如下：

（1）步骤 S1，确定主频率信号和辅频率信号。将 GPS、GLONASS、BDS 或 Galileo 系统的第一频率信号，或者所述第一频率信号与第二频率信号和/或第三频率信号进行多频率信号的线性组合而形成的组合频率信号，确定为主频率信号，而将所述主频率信号之外的第二频率信号或第三频率信号或组合频率信号确定为辅频率信号，GPS、GLO-NASS、BDS 或 Galileo 系统的第一频率信号是 GPS、GLONASS、BDS 或 Galileo 系统的主要频率信号。

（2）步骤 S2，建立主频率信号的双差载波相位观测方程和辅频率信号的双差载波相位观测方程。建立主频率信号的双差载波相位观测方程和辅频率信号的双差载波相位观测方程：

$$
\begin{cases}
\lambda \cdot \nabla\Delta\Phi_{bm}^{i1} = (\nabla\Delta\rho_{bm}^{i1})^0 + \Delta p_m^{i1} \cdot V_{X_m} + \Delta q_m^{i1} \cdot V_{Y_m} + \Delta s_m^{i1} \cdot V_{Z_m} + \lambda \cdot \nabla\Delta N_{bm}^{i1} \\
\qquad\qquad\qquad\qquad\qquad\qquad\vdots \\
\lambda \cdot \nabla\Delta\Phi_{bm}^{ij_1} = (\nabla\Delta\rho_{bm}^{ij_1})^0 + \Delta p_m^{ij_1} \cdot V_{X_m} + \Delta q_m^{ij_1} \cdot V_{Y_m} + \Delta s_m^{ij_1} \cdot V_{Z_m} + \lambda \cdot \nabla\Delta N_{bm}^{ij_1} \\
\qquad\qquad\qquad\qquad\qquad\qquad\vdots \\
\lambda \cdot \nabla\Delta\Phi_{bm}^{is} = (\nabla\Delta\rho_{bm}^{is})^0 + \Delta p_m^{is} \cdot V_{X_m} + \Delta q_m^{is} \cdot V_{Y_m} + \Delta s_m^{is} \cdot V_{Z_m} + \lambda \cdot \nabla\Delta N_{bm}^{is}
\end{cases}
\tag{3-4}
$$

式中，λ 为频率信号的波长，包括主频率信号和辅频率信号的波长，当 λ 为主频率信号的波长时，建立的为主频率信号的双差载波相位观测方程，当 λ 为辅频率信号的波长时，建立的为辅频率信号的双差载波相位观测方程，其中，下标 b 表示基准站，下标 m 表示监控站，上标 i 表示卫星高度角最大的参考卫星，上标 j 表示除所述参考卫星之外的卫星，$j_1 = 1, 2, \cdots, s$，$\nabla\Delta\Phi_{bm}^{ij_1}$ 为 I 类卫星对的双差载波相位观测值，$(\nabla\Delta\rho_{bm}^{ij_1})^0$ 为 I 类卫星对的站星间距离观测值与卫地距差之差，$\Delta p_m^{ij_1}$、$\Delta q_m^{ij_1}$ 和 $\Delta s_m^{ij_1}$ 为 I 类卫星对的卫地距方向余弦系数，$\nabla\Delta N_{bm}^{ij_1}$ 为 I 类卫星对的双差整周模糊度，V_{X_m}、V_{Y_m} 和 V_{Z_m} 为监控站 m 的三维坐标改正数，s 是正整数，指本历元观测卫星中 I 类卫星对的总数。

（3）步骤 S3，利用辅频率信号的双差载波相位观测方程，确定主频率信号的双差整周模糊度的候选组。首先，按下式计算辅频率信号的双差整周模糊度的初值：

$$\begin{cases} \nabla\Delta N_{bm}^{il}(f_{Fu}) = \dfrac{\nabla\Delta\rho_{bm}^{il}(f_{Fu})}{\lambda_{f_{Fu}}} - \nabla\Delta\phi_{bm}^{il}(f_{Fu}) \\ \qquad\vdots \\ \nabla\Delta N_{bm}^{ij_1}(f_{Fu}) = \dfrac{\nabla\Delta\rho_{bm}^{ij_1}(f_{Fu})}{\lambda_{f_{Fu}}} - \nabla\Delta\phi_{bm}^{ij_1}(f_{Fu}) \\ \qquad\vdots \\ \nabla\Delta N_{bm}^{is}(f_{Fu}) = \dfrac{\nabla\Delta\rho_{bm}^{is}(f_{Fu})}{\lambda_{f_{Fu}}} - \nabla\Delta\phi_{bm}^{is}(f_{Fu}) \end{cases} \tag{3-5}$$

式中，$\nabla\Delta N_{bm}^{ij_1}(f_{Fu})$ 为辅频率信号 f_{Fu} 的双差整周模糊度的初值，$\nabla\Delta\rho_{bm}^{ij_1}(f_{Fu})$ 为辅频率信号 f_{Fu} 的站星间距离观测值与卫地距差之差，$\nabla\Delta\phi_{bm}^{ij_1}(f_{Fu})$ 为辅频率信号 f_{Fu} 的双差载波相位观测值，$\lambda_{f_{Fu}}$ 为辅频率信号 f_{Fu} 的波长。

其次，利用所述初值，确定辅频率信号的双差整周模糊度的候选值。针对卫星对 i 和 j_1，

$$\{\nabla\Delta N_{bm}^{ij_1}(f_{Fu})\} \in \begin{cases} \left[\nabla\Delta N_{bm}^{ij_1}(f_{Fu}) - E_{Length} + int\left(\dfrac{E_{Length}}{2}\right),\ \nabla\Delta N_{bm}^{ij_1}(f_{Fu}) + int\left(\dfrac{E_{Length}}{2}\right) \right] \\ \mathbf{Z} \end{cases}$$
$$\tag{3-6}$$

式中，i 为参考卫星，j_1 为 I 类卫星，$j_1 = 1, 2, \cdots, s$，E_{Length} 指 I 类卫星对 i 和 j_1 的误差带的带长，$E_{Length} = int\left(\dfrac{l \cdot \sigma}{\lambda_{f_{Fu}}}\right)$，其中：$\sigma$ 为 GNSS 单历元伪距差分观测值的中误差，$\lambda_{f_{Fu}}$ 为辅频率信号的波长，$l = 2 \sim 5$，$int(\bullet)$ 表示取整运算，$\nabla\Delta N_{bm}^{ij_1}(f_{Fu})$ 为辅频率信号 f_{Fu} 的双差整周模糊度的候选值，$\{\nabla\Delta N_{bm}^{ij_1}(f_{Fu})\} = \{\nabla\Delta N_{bm}^{ij_1}(f_{Fu})_1, \nabla\Delta N_{bm}^{ij_1}(f_{Fu})_2, \cdots, \nabla\Delta N_{bm}^{ij_1}(f_{Fu})_w\}$，$w$ 为候选值个数。

再次，利用如下关系式，将 $u < \dfrac{E_{Wide}}{2}$ 的 $\nabla\Delta N_{bm}^{ij_1}(f_{Zhu})$ 确定为主频率信号 f_{Zhu} 的双差整周模糊度的候选值：

$$\begin{aligned} u &= \left| \frac{\nabla\Delta\varepsilon_{bm}^{ij_1}(f_{Zhu}) - \nabla\Delta\varepsilon_{bm}^{ij_1}(f_{Fu})}{\lambda_{f_{Zhu}}} \right| \\ &= \left| \nabla\Delta N_{bm}^{ij_1}(f_{Zhu}) - \left[\frac{\lambda_{f_{Fu}}}{\lambda_{f_{Zhu}}} \cdot \nabla\Delta N_{bm}^{ij_1}(f_{Fu}) + \frac{\lambda_{f_{Fu}}}{\lambda_{f_{Zhu}}} \cdot \nabla\Delta\phi_{bm}^{ij_1}(f_{Fu}) - \nabla\Delta\phi_{bm}^{ij_1}(f_{Zhu}) \right] \right|, \end{aligned}$$
$$\tag{3-7}$$

其中：$\nabla\Delta N_{bm}^{ij_1}(f_{Fu}) \in \mathbf{Z}$，$\nabla\Delta N_{bm}^{ij_1}(f_{Zhu}) \in \mathbf{Z}$。

式中，u 为误差带，$\nabla\Delta\varepsilon_{\mathrm{bm}}^{ij_1}(f_{\mathrm{Zhu}})$ 为主频率信号 f_{Zhu} 经站星间双差后的残余误差及测量噪声，$\nabla\Delta\varepsilon_{\mathrm{bm}}^{ij_1}(f_{\mathrm{Fu}})$ 为辅频率信号 f_{Fu} 经站星间双差后的残余误差及测量噪声，$\lambda_{f_{\mathrm{Zhu}}}$ 为主频率信号的波长，$\lambda_{f_{\mathrm{Fu}}}$ 为辅频率信号的波长，$\nabla\Delta N_{\mathrm{bm}}^{ij_1}(f_{\mathrm{Fu}})$ 为辅频率信号 f_{Fu} 的双差整周模糊度的候选值，E_{Wide} 为Ⅰ类卫星对 i 和 j_1 的误差带的带宽，按下式确定 E_{Wide}：

$$
E_{\mathrm{Wide}} = \begin{cases}
0.250 \times (1 + L_{\mathrm{bm}}/10000) & ，若\ 0 \leqslant L_{\mathrm{bm}} < 1000\mathrm{m} \\
0.275 & ，若\ 1000\mathrm{m} \leqslant L_{\mathrm{bm}} < 5000\mathrm{m} \\
0.300 & ，若\ 5000\mathrm{m} \leqslant L_{\mathrm{bm}} < 6000\mathrm{m} \\
0.325 & ，若\ 6000\mathrm{m} \leqslant L_{\mathrm{bm}} < 7000\mathrm{m} \\
0.350 & ，若\ 7000\mathrm{m} \leqslant L_{\mathrm{bm}} < 8000\mathrm{m} \\
0.375 & ，若\ 8000\mathrm{m} \leqslant L_{\mathrm{bm}} < 9000\mathrm{m} \\
0.400 & ，若\ 9000\mathrm{m} \leqslant L_{\mathrm{bm}} < 10000\mathrm{m} \\
0.250 \times (1 + L_{\mathrm{bm}}/15000) & ，若\ 10000\mathrm{m} \leqslant L_{\mathrm{bm}} < 15000\mathrm{m}
\end{cases}
\tag{3-8}
$$

式中，L_{bm} 为基准站 b 与监控站 m 之间形成的基线长度，$\nabla\Delta N_{\mathrm{bm}}^{ij_1}(f_{\mathrm{Zhu}})$ 为主频率信号 f_{Zhu} 的双差整周模糊度候选值，$\{\nabla\Delta N_{\mathrm{bm}}^{ij_1}(f_{\mathrm{Zhu}})\} = \{\nabla\Delta N_{\mathrm{bm}}^{ij_1}(f_{\mathrm{Zhu}})_1, \nabla\Delta N_{\mathrm{bm}}^{ij_1}(f_{\mathrm{Zhu}})_2, \cdots, \nabla\Delta N_{\mathrm{bm}}^{ij_1}(f_{\mathrm{Zhu}})_v\}$，$v$ 为候选值个数。

最后，Ⅰ类卫星对的主频率信号的双差整周模糊度的候选值如式（3-9）表示：

$$
\nabla\Delta N_{\mathrm{bm}}^{il}(f_{\mathrm{Zhu}})_1, \nabla\Delta N_{\mathrm{bm}}^{il}(f_{\mathrm{Zhu}})_2, \cdots, \nabla\Delta N_{\mathrm{bm}}^{il}(f_{\mathrm{Zhu}})_{v_1}
$$
$$
\vdots
$$
$$
\nabla\Delta N_{\mathrm{bm}}^{ij_1}(f_{\mathrm{Zhu}})_1, \nabla\Delta N_{\mathrm{bm}}^{ij_1}(f_{\mathrm{Zhu}})_2, \cdots, \nabla\Delta N_{\mathrm{bm}}^{ij_1}(f_{\mathrm{Zhu}})_{v_{j_1}}
\tag{3-9}
$$
$$
\vdots
$$
$$
\nabla\Delta N_{\mathrm{bm}}^{is}(f_{\mathrm{Zhu}})_1, \nabla\Delta N_{\mathrm{bm}}^{is}(f_{\mathrm{Zhu}})_2, \cdots, \nabla\Delta N_{\mathrm{bm}}^{is}(f_{\mathrm{Zhu}})_{v_s}
$$

对所述候选值进行 $t = C_{v_1}^1 \times \cdots \times C_{v_{j_1}}^1 \times \cdots \times C_{v_s}^1 = v_1 \times \cdots \times v_{j_1} \times \cdots \times v_s$ 组排列组合，获得单历元所有的卫星对的主频率信号的双差整周模糊度的候选组，t 表示候选组总数。

（4）步骤 S4，利用主频率信号的双差载波相位观测方程，对所述候选组进行显著性检验，将通过显著性检验的候选组确定为最优组，按下述方法确定主频率信号的双差整周模糊度的最优组：

首先，将主频率信号的双差整周模糊度的 t 组候选组依次代入主频率信号的双差载波相位观测方程中，根据最小二乘间接平差原理，对应的主频率信号的双差载波相位观测方程的误差方程为：

$$
\begin{bmatrix} v_{\mathrm{bm}}^{i1} \\ \vdots \\ v_{\mathrm{bm}}^{ij_1} \\ \vdots \\ v_{\mathrm{bm}}^{is} \end{bmatrix} = \begin{bmatrix} \Delta p_{\mathrm{bm}}^{i1} & \Delta q_{\mathrm{bm}}^{i1} & \Delta s_{\mathrm{bm}}^{i1} \\ \vdots & \vdots & \vdots \\ \Delta p_{\mathrm{bm}}^{ij_1} & \Delta q_{\mathrm{bm}}^{ij_1} & \Delta s_{\mathrm{bm}}^{ij_1} \\ \vdots & \vdots & \vdots \\ \Delta p_{\mathrm{bm}}^{is} & \Delta q_{\mathrm{bm}}^{is} & \Delta s_{\mathrm{bm}}^{is} \end{bmatrix} \begin{bmatrix} V_{X_{\mathrm{m}}} \\ V_{Y_{\mathrm{m}}} \\ V_{Z_{\mathrm{m}}} \end{bmatrix} - \begin{bmatrix} l_{\mathrm{bm}}^{i1} \\ \vdots \\ l_{\mathrm{bm}}^{ij_1} \\ \vdots \\ l_{\mathrm{bm}}^{is} \end{bmatrix}
\tag{3-10}
$$

写成矩阵形式为：

$$
\underset{s\times 1}{\boldsymbol{V}} = \underset{s\times 3}{\boldsymbol{B}} \cdot \underset{3\times 1}{\boldsymbol{X}} - \underset{s\times 1}{\boldsymbol{L}}
\tag{3-11}
$$

$$\text{式中，} \underset{s\times 1}{\boldsymbol{V}} = \begin{bmatrix} v_{bm}^{i1} \\ \vdots \\ v_{bm}^{ij_1} \\ \vdots \\ v_{bm}^{is} \end{bmatrix}, \quad \underset{s\times 3}{\boldsymbol{B}} = \begin{bmatrix} \Delta p_{bm}^{i1} & \Delta q_{bm}^{i1} & \Delta s_{bm}^{i1} \\ \vdots & \vdots & \vdots \\ \Delta p_{bm}^{ij_1} & \Delta q_{bm}^{ij} & \Delta s_{bm}^{ij} \\ \vdots & \vdots & \vdots \\ \Delta p_{bm}^{ik} & \Delta q_{bm}^{ik} & \Delta s_{bm}^{ik} \end{bmatrix}, \quad \underset{3\times 1}{\boldsymbol{X}} = \begin{bmatrix} V_{X_m} \\ V_{Y_m} \\ V_{Z_m} \end{bmatrix},$$

$$\underset{s\times 1}{\boldsymbol{L}} = \begin{bmatrix} l_{bm}^{i1} \\ \vdots \\ l_{bm}^{ij_1} \\ \vdots \\ l_{bm}^{is} \end{bmatrix} = \begin{bmatrix} \lambda_{f_{Zhu}} \cdot \nabla\Delta\Phi_{bm}^{i1} - (\nabla\Delta\rho_{bm}^{i1})^0 \\ \vdots \\ \lambda_{f_{Zhu}} \cdot \nabla\Delta\Phi_{bm}^{ij_1} - (\nabla\Delta\rho_{bm}^{ij_1})^0 \\ \vdots \\ \lambda_{f_{Zhu}} \cdot \nabla\Delta\Phi_{bm}^{is} - (\nabla\Delta\rho_{bm}^{is})^0 \end{bmatrix} - \lambda_{f_{Zhu}} \cdot \begin{bmatrix} \nabla\Delta N_{bm}^{i1} \\ \vdots \\ \nabla\Delta N_{bm}^{ij_1} \\ \vdots \\ \nabla\Delta N_{bm}^{is} \end{bmatrix}$$

其中，下标 b 表示基准站，下标 m 表示监控站，上标 i 表示卫星高度角最大的参考卫星，上标 j_1 表示所述参考卫星外的卫星，$j_1 = 1, 2, \cdots, s$，$\nabla\Delta\Phi_{bm}^{ij_1}$ 为 I 类卫星对的双差载波相位观测值，$\lambda_{f_{Zhu}}$ 为主频率信号的波长，$\nabla\Delta N_{bm}^{ij_1}$ 为 I 类卫星对的主频率信号的双差整周模糊度的候选组，$(\nabla\Delta\rho_{bm}^{ij_1})^0$ 为 I 类卫星对的站星间距离观测值与卫地距差之差，$\Delta p_m^{ij_1}$、$\Delta q_m^{ij_1}$ 和 $\Delta s_m^{ij_1}$ 为卫地距方向余弦系数，$v_{bm}^{ij_1}$ 为 I 类卫星对的双差载波相位观测值的残差，$l_{bm}^{ij_1}$ 为主频率信号的双差载波相位观测方程的常数项，V_{X_m}、V_{Y_m} 和 V_{Z_m} 为监控站 m 的三维坐标改正数。

其次，根据最小二乘参数估计方法，按下式计算主频率信号的双差载波相位观测方程的单位权方差因子：

$$\delta_0^2 = \frac{\underset{1\times s}{\boldsymbol{V}^T} \cdot \underset{s\times s}{\boldsymbol{P}} \cdot \underset{s\times 1}{\boldsymbol{V}}}{s - 3} \tag{3-12}$$

其中，s 为 I 类卫星对的总数，$\boldsymbol{P}$ 为 I 类卫星对的双差载波相位观测值的权矩阵；由 t 组候选组，可以计算获得 t 个单位权方差因子，用集合表示为 $\{\Omega\} = \{\delta_0^2(i,), i = 1, 2, \cdots, t\}$；接着，对集合 $\{\Omega\}$ 中的元素进行从小到大排序，获得集合 $\{\Omega\} = \{\Omega_1 \quad \Omega_2 \quad \cdots \quad \Omega_t\}$，构造显著性检验值：

$$Ratio = \frac{\Omega_2}{\Omega_1} \tag{3-13}$$

将 $Ratio > R$ 的 Ω_1 所对应的双差整周模糊度的候选组确定为最优组，即 $\begin{bmatrix} \nabla\Delta N_{bm}^{i1} \\ \vdots \\ \nabla\Delta N_{bm}^{ij_1} \\ \vdots \\ \nabla\Delta N_{bm}^{is} \end{bmatrix}_{\Omega_1}$，

其中，$R = 1.8 \sim 3$。

（5）步骤 S5，利用主频率信号的双差载波相位观测方程，确定主频率信号的双差整周模糊度的取整组，按下述方法确定主频率信号的双差整周模糊度的取整组：

首先，将所确定的主频率信号的双差整周模糊度的最优组 $\begin{bmatrix} \nabla\Delta N_{bm}^{i1} \\ \vdots \\ \nabla\Delta N_{bm}^{ij_1} \\ \vdots \\ \nabla\Delta N_{bm}^{is} \end{bmatrix}_{\Omega_1}$ 代入主频率信

号的双差载波相位观测方程，采用最小二乘参数间接平差方法，计算获得监控站 m 的三维坐标改正数，并将三维坐标改正数代回主频率信号的双差载波相位观测方程，按下式解算主频率信号的双差整周模糊度的实数解：

$$
\left\{
\begin{array}{l}
\nabla\Delta N_{bm}^{i1} = \nabla\Delta\Phi_{bm}^{i1} - \dfrac{1}{\lambda_{f_{Zhu}}}\left[(\nabla\Delta\rho_{bm}^{i1})^0 + \Delta p_m^{i1}\cdot V_{X_m} + \Delta q_m^{i1}\cdot V_{Y_m} + \Delta s_m^{i1}\cdot V_{Z_m}\right] \\
\vdots \\
\nabla\Delta N_{bm}^{ij_1} = \nabla\Delta\Phi_{bm}^{ij_1} - \dfrac{1}{\lambda_{f_{Zhu}}}\left[(\nabla\Delta\rho_{bm}^{ij_1})^0 + \Delta p_{bm}^{ij_1}\cdot V_{X_m} + \Delta q_{bm}^{ij_1}\cdot V_{Y_m} + \Delta s_{bm}^{ij_1}\cdot V_{Z_m}\right] \\
\vdots \\
\nabla\Delta N_{bm}^{is} = \nabla\Delta\Phi_{bm}^{is} - \dfrac{1}{\lambda_{f_{Zhu}}}\left[(\nabla\Delta\rho_{bm}^{is})^0 + \Delta p_{bm}^{is}\cdot V_{X_m} + \Delta q_{bm}^{is}\cdot V_{Y_m} + \Delta s_{bm}^{is}\cdot V_{Z_m}\right]
\end{array}
\right.
$$

$$(3\text{-}14)$$

然后，将实数解按照"四舍六入、遇五奇进偶不进"原则取整运算，如下式获得主频率信号的双差整周模糊度的取整组：

$$
\begin{bmatrix}
int(\nabla\Delta N_{bm}^{i1}) \\
\vdots \\
int(\nabla\Delta N_{bm}^{ij_1}) \\
\vdots \\
int(\nabla\Delta N_{bm}^{is})
\end{bmatrix}
=
\begin{bmatrix}
int\left\{\nabla\Delta\Phi_{bm}^{i1} - \dfrac{1}{\lambda_{f_{Zhu}}}\left[(\nabla\Delta\rho_{bm}^{i1})^0 + \Delta p_m^{i1}\cdot V_{X_m} + \Delta q_m^{i1}\cdot V_{Y_m} + \Delta s_m^{i1}\cdot V_{Z_m}\right]\right\} \\
\vdots \\
int\left\{\nabla\Delta\Phi_{bm}^{ij_1} - \dfrac{1}{\lambda_{f_{Zhu}}}\left[(\nabla\Delta\rho_{bm}^{ij_1})^0 + \Delta p_{bm}^{ij_1}\cdot V_{X_m} + \Delta q_{bm}^{ij_1}\cdot V_{Y_m} + \Delta s_{bm}^{ij_1}\cdot V_{Z_m}\right]\right\} \\
\vdots \\
int\left\{\nabla\Delta\Phi_{bm}^{is} - \dfrac{1}{\lambda_{f_{Zhu}}}\left[(\nabla\Delta\rho_{bm}^{is})^0 + \Delta p_{bm}^{is}\cdot V_{X_m} + \Delta q_{bm}^{is}\cdot V_{Y_m} + \Delta s_{bm}^{is}\cdot V_{Z_m}\right]\right\}
\end{bmatrix}
$$

$$(3\text{-}15)$$

式中，$\begin{bmatrix} int(\nabla\Delta N_{bm}^{i1}) \\ \vdots \\ int(\nabla\Delta N_{bm}^{ij_1}) \\ \vdots \\ int(\nabla\Delta N_{bm}^{is}) \end{bmatrix}$ 为主频率信号的双差整周模糊度的整数组。

（6）步骤 S6，检核所述最优组和所述取整组的一致性。按下述方法检核主频率信号的双差整周模糊度的所述最优组与所述取整组的一致性：

针对 I 类卫星对 i 和 j_1 的双差整周模糊度，判断最优组中的 $\nabla\Delta N_{bm}^{ij_1}$ 与取整组中 $int(\nabla\Delta N_{bm}^{ij_1})$ 是否相等，$j_1 = 1,2,\cdots,s$；如果 $\nabla\Delta N_{bm}^{ij_1} = int(\nabla\Delta N_{bm}^{ij_1})$，则判定为 I 类卫星

对的双差整周模糊度解算检核通过，表示卫星对 i 和 j_1 的双差整周模糊度解算成功；如果 $\nabla\Delta N^{ij_1}_{\mathrm{bm}} \neq int(\nabla\Delta N^{ij_1}_{\mathrm{bm}})$，则判定为 I 类卫星对的双差整周模糊度解算检核不通过，表示卫星对 i 和 j_1 的双差整周模糊度解算失败。

（7）步骤 S7，获得验核通过的 I 类卫星对的双差整周模糊度，即：$\begin{bmatrix} \nabla\Delta N^{i1}_{\mathrm{bm}} \\ \vdots \\ \nabla\Delta N^{ij_1}_{\mathrm{bm}} \\ \vdots \\ \nabla\Delta N^{is}_{\mathrm{bm}} \end{bmatrix}$。如果在

步骤 S6，I 类卫星对的双差整周模糊度解算检核不通过，则还包括更新 I 类卫星和 II 类卫星和更新 I 类卫星对以及 II 类卫星对的双差载波相位观测方程，用更新后的方程做局部解解算。

更新 I 类卫星和 II 类卫星：将所述的双差整周解算成功的卫星 j_1 保留在 I 类卫星中；反之，将所述的双差整周模糊度解算失败的卫星 j_1 从 I 类卫星中剔除，归入 II 类卫星中。

按下式更新 I 类卫星对的双差载波相位观测方程：

$$
\begin{cases}
\lambda \cdot \nabla\Delta\Phi^{i1}_{\mathrm{bm}} = (\nabla\Delta\rho^{i1}_{\mathrm{bm}})^0 + \Delta p^{i1}_{\mathrm{m}} \cdot V_{X_{\mathrm{m}}} + \Delta q^{i1}_{\mathrm{m}} \cdot V_{Y_{\mathrm{m}}} + \Delta s^{i1}_{\mathrm{m}} \cdot V_{Z_{\mathrm{m}}} + \lambda \cdot \nabla\Delta N^{i1}_{\mathrm{bm}} \\
\qquad\qquad\qquad\qquad\qquad\vdots \\
\lambda \cdot \nabla\Delta\Phi^{ij_1}_{\mathrm{bm}} = (\nabla\Delta\rho^{ij_1}_{\mathrm{bm}})^0 + \Delta p^{ij_1}_{\mathrm{m}} \cdot V_{X_{\mathrm{m}}} + \Delta q^{ij_1}_{\mathrm{m}} \cdot V_{Y_{\mathrm{m}}} + \Delta s^{ij_1}_{\mathrm{m}} \cdot V_{Z_{\mathrm{m}}} + \lambda \cdot \nabla\Delta N^{ij_1}_{\mathrm{bm}} \\
\qquad\qquad\qquad\qquad\qquad\vdots \\
\lambda \cdot \nabla\Delta\Phi^{is_1}_{\mathrm{bm}} = (\nabla\Delta\rho^{is_1}_{\mathrm{bm}})^0 + \Delta p^{is_1}_{\mathrm{m}} \cdot V_{X_{\mathrm{m}}} + \Delta q^{is_1}_{\mathrm{m}} \cdot V_{Y_{\mathrm{m}}} + \Delta s^{is_1}_{\mathrm{m}} \cdot V_{Z_{\mathrm{m}}} + \lambda \cdot \nabla\Delta N^{is_1}_{\mathrm{bm}}
\end{cases}
\tag{3-16}
$$

其中，$s_1 \leqslant s$。

按下式更新 II 类卫星对的双差载波相位观测方程：

$$
\begin{cases}
\lambda \cdot \nabla\Delta\Phi^{i(s_1+1)}_{\mathrm{bm}} = (\nabla\Delta\rho^{i(s_1+1)}_{\mathrm{bm}})^0 + \Delta p^{i(s_1+1)}_{\mathrm{m}} \cdot V_{X_{\mathrm{m}}} + \Delta q^{i(s_1+1)}_{\mathrm{m}} \cdot V_{Y_{\mathrm{m}}} + \Delta s^{i(s_1+1)}_{\mathrm{m}} \cdot V_{Z_{\mathrm{m}}} + \lambda \cdot \nabla\Delta N^{i(s_1+1)}_{\mathrm{bm}} \\
\qquad\qquad\qquad\qquad\qquad\vdots \\
\lambda \cdot \nabla\Delta\Phi^{i(s_1+j_2)}_{\mathrm{bm}} = (\nabla\Delta\rho^{i(s_1+j_2)}_{\mathrm{bm}})^0 + \Delta p^{i(s_1+j_2)}_{\mathrm{m}} \cdot V_{X_{\mathrm{m}}} + \Delta q^{i(s_1+j_2)}_{\mathrm{m}} \cdot V_{Y_{\mathrm{m}}} + \Delta s^{i(s_1+j_2)}_{\mathrm{m}} \cdot V_{Z_{\mathrm{m}}} + \lambda \cdot \nabla\Delta N^{i(s_1+j_2)}_{\mathrm{bm}} \\
\qquad\qquad\qquad\qquad\qquad\vdots \\
\lambda \cdot \nabla\Delta\Phi^{i(s_1+k_2)}_{\mathrm{bm}} = (\nabla\Delta\rho^{i(s_1+k_2)}_{\mathrm{bm}})^0 + \Delta p^{i(s_1+k_2)}_{\mathrm{m}} \cdot V_{X_{\mathrm{m}}} + \Delta q^{i(s_1+k_2)}_{\mathrm{m}} \cdot V_{Y_{\mathrm{m}}} + \Delta s^{i(s_1+k_2)}_{\mathrm{m}} \cdot V_{Z_{\mathrm{m}}} + \lambda \cdot \nabla\Delta N^{i(s_1+k_2)}_{\mathrm{bm}}
\end{cases}
$$

$$\tag{3-17}$$

其中，$k_2 \geqslant k$。

式中，s_1 为更新的 I 类卫星对的总数，s 为原 I 类卫星对的总数，j_1 表示 I 类卫星，$j_1 = 1, 2, \cdots, s_1$，k_1 为更新的 II 类卫星对的总数，k 为原 II 类卫星对的总数，j_2 表示 II 类卫星，$j_2 = 1, 2, \cdots, k_2$，i 表示参考卫星，λ 为频率信号的波长，下标 b 表示基准站，下标 m 表示监控站，$\nabla\Delta\Phi^{ij_1}_{\mathrm{bm}}$ 表示 I 类卫星对的双差载波相位观测值，$(\nabla\Delta\rho^{ij_1}_{\mathrm{bm}})^0$ 表示 I 类卫星对的站星间距离观测值与卫地距差之差，$\Delta p^{ij_1}_{\mathrm{m}}$、$\Delta q^{ij_1}_{\mathrm{m}}$ 和 $\Delta s^{ij_1}_{\mathrm{m}}$ 表示 I 类卫星对的卫地距方向余弦系数，$\nabla\Delta N^{ij_1}_{\mathrm{bm}}$ 表示 I 类卫星对的双差整周模糊度，$\nabla\Delta\Phi^{i(s_1+j_2)}_{\mathrm{bm}}$ 表示 II 类卫星对的双差载波相位观测值，$(\nabla\Delta\rho^{i(s_1+j_2)}_{\mathrm{bm}})^0$ 表示 II 类卫星对的站星间距离观测值与卫地距差之差，$\Delta p^{i(s_1+j_2)}_{\mathrm{m}}$、$\Delta q^{i(s_1+j_2)}_{\mathrm{m}}$ 和 $\Delta s^{i(s_1+j_2)}_{\mathrm{m}}$ 表示 II 类卫星对的卫地距方向余弦系数，$\nabla\Delta N^{i(s_1+j_2)}_{\mathrm{bm}}$ 表示 II 类卫星对的

双差整周模糊度，V_{X_m}、V_{Y_m} 和 V_{Z_m} 为监控站 m 的三维坐标改正数，$1+s_1+k_2$ 为正整数，指本历元观测的卫星的总数，$1+s_1+k_2=1+s+k$。

接着，在步骤 S40 的 Ⅱ 类卫星对双差整周模糊度确定步骤，将所述 Ⅰ 类卫星对用于定位的局部解代入到 Ⅱ 类卫星对的双差载波相位观测方程，取整解算 Ⅱ 类卫星对的双差整周模糊度。

按下式解算 Ⅱ 类卫星对的双差整周模糊度的实数解：

$$
\begin{cases}
\nabla\Delta N_{bm}^{i(s+1)} = \nabla\Delta\Phi_{bm}^{i1} - \dfrac{1}{\lambda}\left[(\nabla\Delta\rho_{bm}^{i1})^0 + \Delta p_m^{i1}\cdot V_{X_m} + \Delta q_m^{i1}\cdot V_{Y_m} + \Delta s_m^{i1}\cdot V_{Z_m}\right] \\
\qquad\qquad\qquad\qquad\vdots \\
\nabla\Delta N_{bm}^{i(s+j_2)} = \nabla\Delta\Phi_{bm}^{i(s+j_2)} - \dfrac{1}{\lambda}\left[(\nabla\Delta\rho_{bm}^{i(s+j_2)})^0 + \Delta p_{bm}^{i(s+j_2)}\cdot V_{X_m} + \Delta q_{bm}^{i(s+j_2)}\cdot V_{Y_m} + \Delta s_{bm}^{i(s+j_2)}\cdot V_{Z_m}\right] \\
\qquad\qquad\qquad\qquad\vdots \\
\nabla\Delta N_{bm}^{i(s+k)} = \nabla\Delta\Phi_{bm}^{i(s+k)} - \dfrac{1}{\lambda}\left[(\nabla\Delta\rho_{bm}^{i(s+k)})^0 + \Delta p_{bm}^{i(s+k)}\cdot V_{X_m} + \Delta q_{bm}^{i(s+k)}\cdot V_{Y_m} + \Delta s_{bm}^{i(s+k)}\cdot V_{Z_m}\right]
\end{cases}
$$

$$(3\text{-}18)$$

然后，将实数解按照"四舍六入、遇五奇进偶不进"原则取整运算，按下式获得频率信号的双差整周模糊度的取整组：

$$
\begin{bmatrix}
int(\nabla\Delta N_{bm}^{i(s+1)}) \\
\vdots \\
int(\nabla\Delta N_{bm}^{i(s+j_2)}) \\
\vdots \\
int(\nabla\Delta N_{bm}^{i(s+k)})
\end{bmatrix} =
$$

$$
\begin{bmatrix}
int\left\{\nabla\Delta\Phi_{bm}^{i(s+1)} - \dfrac{1}{\lambda}\left[(\nabla\Delta\rho_{bm}^{i(s+1)})^0 + \Delta p_m^{i(s+1)}\cdot V_{X_m} + \Delta q_m^{i(s+1)}\cdot V_{Y_m} + \Delta s_m^{i(s+1)}\cdot V_{Z_m}\right]\right\} \\
\vdots \\
int\left\{\nabla\Delta\Phi_{bm}^{i(s+j_2)} - \dfrac{1}{\lambda}\left[(\nabla\Delta\rho_{bm}^{i(s+j_2)})^0 + \Delta p_{bm}^{i(s+j_2)}\cdot V_{X_m} + \Delta q_{bm}^{i(s+j_2)}\cdot V_{Y_m} + \Delta s_{bm}^{i(s+j_2)}\cdot V_{Z_m}\right]\right\} \\
\vdots \\
int\left\{\nabla\Delta\Phi_{bm}^{i(s+k)} - \dfrac{1}{\lambda}\left[(\nabla\Delta\rho_{bm}^{i(s+k)})^0 + \Delta p_{bm}^{i(s+k)}\cdot V_{X_m} + \Delta q_{bm}^{i(s+k)}\cdot V_{Y_m} + \Delta s_{bm}^{i(s+k)}\cdot V_{Z_m}\right]\right\}
\end{bmatrix}
$$

$$(3\text{-}19)$$

式中，$\begin{bmatrix} int(\nabla\Delta N_{bm}^{i(s+1)}) \\ \vdots \\ int(\nabla\Delta N_{bm}^{i(s+j_2)}) \\ \vdots \\ int(\nabla\Delta N_{bm}^{i(s+k)}) \end{bmatrix}$ 为 Ⅱ 类卫星对的双差整周模糊度的整数解。

在步骤 S50，根据 Ⅰ 类卫星对的双差整周模糊度和 Ⅱ 类卫星对的双差整周模糊度，确

定 GNSS 单历元双差整周模糊度。组合所述的检核通过的Ⅰ类卫星对的双差整周模糊度

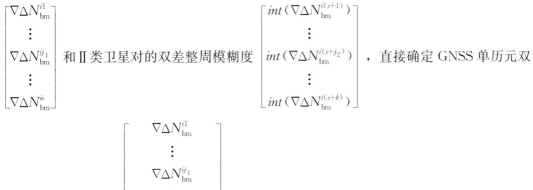

和Ⅱ类卫星对的双差整周模糊度，直接确定 GNSS 单历元双

差整周模糊度，即：

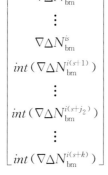

。

根据本发明的技术方案，在所述方法中，可以适用于北斗/GNSS 接收机数据采样率不低于 1Hz 的高精度实时动态定位。本发明的前述方法可以应用于塔式起重机卫星定位智能监控系统中，所述系统包括：基准站和监控站的卫星定位接收机以及通信链路，所述卫星定位接收机使用前述的塔式起重机用单历元双差整周模糊度快速确定方法。所述卫星定位接收机包括安装在塔式起重机的施工现场附近的基准站北斗/GNSS 接收机和塔臂或塔身（塔顶）上的监控站北斗/GNSS 接收机。其中，塔式起重机卫星定位智能监控系统可以包括一种塔式起重机用单历元双差整周模糊度快速确定装置如图 3-3 所示。

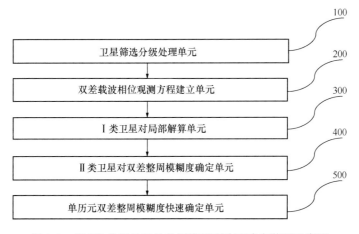

图 3-3　GNSS 单历元双差整周模糊度快速确定装置示意图

根据图 3-3 可知，塔式起重机用单历元双差整周模糊度快速确定装置包括：

（1）卫星筛选分级处理单元100，对单历元的所有观测卫星进行筛选分级，分为参考卫星、Ⅰ类卫星和Ⅱ类卫星，Ⅰ类卫星是卫星空间几何分布相对较佳的预定数量的卫星，Ⅱ类卫星是参考卫星和Ⅰ类卫星之外的卫星，是卫星空间几何分布相对较差的卫星；

（2）双差载波相位观测方程建立单元200，建立Ⅰ类卫星对的双差载波相位观测方程和Ⅱ类卫星对的双差载波相位观测方程；

（3）Ⅰ类卫星对局部解算单元300，解算检核所述的Ⅰ类卫星对的双差整周模糊度，获得检核通过的Ⅰ类卫星对的双差整周模糊度，再解算Ⅰ类卫星对可用于定位的局部解；

（4）Ⅱ类卫星对双差整周模糊度确定单元400，将所述Ⅰ类卫星对用于定位的局部解代入到Ⅱ类卫星对的双差载波相位观测方程，取整解算Ⅱ类卫星对的双差整周模糊度；

（5）单历元双差整周模糊度快速确定单元500，根据Ⅰ类卫星对的双差整周模糊度和Ⅱ类卫星对的双差整周模糊度，确定单历元双差整周模糊度。

值得说明的是，（1）~（5）的单元分别执行前述的卫星筛选分级处理步骤S10、双差载波相位观测方程建立步骤S20、Ⅰ类卫星对局部解算步骤S30、Ⅱ类卫星对双差整周模糊度确定步骤S40、单历元双差整周模糊度快速确定步骤S50的运算操作，具体的运算过程，请参见对应步骤。（1）~（5）的单元和装置可以分别或组合地由经过编程的独立的芯片、专门制造的芯片、现场可编程门阵列等硬件单独实现，也可以由具有计算处理能力的机器结合软件实现。

3.1.4　权利要求书

塔式起重机用单历元双差整周模糊度快速确定方法及装置，涉及一项国家发明专利技术：GNSS单历元双差整周模糊度快速确定方法（ZL202010599437.7）。其中，主张保护的权利要求项如下（周命端，2020）：

（1）一种GNSS单历元双差整周模糊度快速确定方法，所述方法包括：卫星筛选分级处理步骤，对单历元的所有观测卫星进行筛选分级，分为参考卫星、Ⅰ类卫星和Ⅱ类卫星，Ⅰ类卫星是卫星空间几何分布相对较佳的预定数量的卫星，Ⅱ类卫星是参考卫星和Ⅰ类卫星之外的卫星，是卫星空间几何分布相对较差的卫星；双差载波相位观测方程建立步骤，建立Ⅰ类卫星对的双差载波相位观测方程和Ⅱ类卫星对的双差载波相位观测方程；Ⅰ类卫星对局部解算步骤，解算检核所述的Ⅰ类卫星对的双差整周模糊度，获得检核通过的Ⅰ类卫星对的双差整周模糊度，再解算Ⅰ类卫星对可用于定位的局部解；Ⅱ类卫星对双差整周模糊度确定步骤，将所述Ⅰ类卫星对用于定位的局部解代入到Ⅱ类卫星对的双差载波相位观测方程，取整解算Ⅱ类卫星对的双差整周模糊度；以及GNSS单历元双差整周模糊度快速确定步骤，根据Ⅰ类卫星对的双差整周模糊度和Ⅱ类卫星对的双差整周模糊度，确定GNSS单历元双差整周模糊度。其中，在所述双差载波相位观测方程建立步骤，建立Ⅰ类卫星对的双差载波相位观测方程见式（3-2），建立Ⅱ类卫星对的双差载波相位观测方程见式（3-3）。

（2）根据权利要求（1）所述的方法，其特征在于，卫星筛选分级处理步骤包括：首先，将卫星高度角最大的卫星确定为参考卫星；其次，针对参考卫星之外的卫星，按照两两相邻卫星进行卫星方位角差比较，得到卫星方位角差最小的两颗卫星，保留这两颗卫星中卫星高度角小的卫星，然后重复，得到预定数量的卫星确定为Ⅰ类卫星；最后，将剩余卫星确定为Ⅱ类卫星。

（3）根据权利要求（1）所述的方法，其特征在于，在所述Ⅰ类卫星对局部解算步骤中，如下地解算检核Ⅰ类卫星对的双差整周模糊度：

步骤 S1，确定主频率信号和辅频率信号，将 GPS、GLONASS、BDS 或 Galileo 系统的第一频率信号，或者所述第一频率信号与第二频率信号和/或第三频率信号进行多频率信号的线性组合而形成的组合频率信号，确定为主频率信号，而将所述主频率信号之外的第二频率信号或第三频率信号或组合频率信号确定为辅频率信号，GPS、GLONASS、BDS 或 Galileo 系统的第一频率信号是 GPS、GLONASS、BDS 或 Galileo 系统的主要频率信号。

步骤 S2，建立主频率信号的双差载波相位观测方程和辅频率信号的双差载波相位观测方程，建立主频率信号的双差载波相位观测方程和辅频率信号的双差载波相位观测方程见式（3-4）。

步骤 S3，利用辅频率信号的双差载波相位观测方程，确定主频率信号的双差整周模糊度的候选组，如下地确定主频率信号的双差整周模糊度的候选组：首先，计算辅频率信号的双差整周模糊度的初值见式（3-5）。其次，利用所述初值，确定辅频率信号的双差整周模糊度的候选值：针对卫星对 i 和 j_1，见式（3-6）。再次，利用如下关系式，将 $u < \dfrac{E_{\text{Wide}}}{2}$ 的 $\nabla\Delta N_{\text{bm}}^{ij_1}(f_{\text{Zhu}})$ 确定为主频率信号 f_{Zhu} 的双差整周模糊度的候选值，见式（3-7）、式（3-8）。最后，Ⅰ类卫星对的主频率信号的双差整周模糊度的候选值见式（3-9）。

步骤 S4，利用主频率信号的双差载波相位观测方程，对所述候选组进行显著性检验，将通过显著性检验的候选组确定为最优组，确定主频率信号的双差整周模糊度的最优组：首先，将主频率信号的双差整周模糊度的 t 组候选组依次代入主频率信号的双差载波相位观测方程中，根据最小二乘间接平差原理，对应的主频率信号的双差载波相位观测方程的误差方程见式（3-10）、式（3-11）。其次，根据最小二乘参数估计方法，计算主频率信号的双差载波相位观测方程的单位权方差因子见式（3-12）。接着，对集合 $\{\Omega\}$ 中的元素进行从小到大排序，获得集合 $\{\Omega\} = \{\Omega_1 \quad \Omega_2 \quad \cdots \quad \Omega_t\}$，构造显著性检验值见式（3-13）。

步骤 S5，利用主频率信号的双差载波相位观测方程，确定主频率信号的双差整周模糊度的取整组，确定主频率信号的双差整周模糊度的取整组：

首先，将所确定的主频率信号的双差整周模糊度的最优组 $\begin{bmatrix} \nabla\Delta N_{\text{bm}}^{i1} \\ \vdots \\ \nabla\Delta N_{\text{bm}}^{ij_1} \\ \vdots \\ \nabla\Delta N_{\text{bm}}^{is} \end{bmatrix}_{\Omega_l}$ 代入主频率信

号的双差载波相位观测方程，采用最小二乘参数间接平差方法，计算获得监控站 m 的三维坐标改正数，并将三维坐标改正数代回主频率信号的双差载波相位观测方程，解算主频率信号的双差整周模糊度的实数解见式（3-14）、式（3-15）。

步骤 S6，检核所述最优组和所述取整组的一致性，如下地检核主频率信号的双差整

周模糊度的所述最优组与所述取整组的一致性：针对Ⅰ类卫星对 i 和 j_1 的双差整周模糊度，判断最优组中的 $\nabla\Delta N_{\mathrm{bm}}^{ij_1}$ 与取整组中 $int\left(\nabla\Delta N_{\mathrm{bm}}^{ij_1}\right)$ 是否相等，$j_1 = 1,2,\cdots,s$；如果 $\nabla\Delta N_{\mathrm{bm}}^{ij_1} = int\left(\nabla\Delta N_{\mathrm{bm}}^{ij_1}\right)$，则判定为Ⅰ类卫星对的双差整周模糊度解算检核通过，表示卫星对 i 和 j_1 的双差整周模糊度解算成功；如果 $\nabla\dot{\Delta N}_{\mathrm{bm}}^{ij_1} \neq int\left(\nabla\Delta N_{\mathrm{bm}}^{ij_1}\right)$，则判定为Ⅰ类卫星对的双差整周模糊度解算检核不通过，表示卫星对 i 和 j_1 的双差整周模糊度解算失败；

步骤 S7，获得检核通过的Ⅰ类卫星对的双差整周模糊度，即：。

（4）根据权利要求（3）所述的方法，其特征在于，如果在步骤 S6 中，Ⅰ类卫星对的双差整周模糊度解算检核不通过，则所述方法还包括：更新Ⅰ类卫星和Ⅱ类卫星，将所述的双差整周解算成功的卫星 j_1 保留在Ⅰ类卫星中，将所述的双差整周模糊度解算失败的卫星 j_1 归入Ⅱ类卫星中，更新Ⅰ类卫星对的双差载波相位观测方程见式（3-16），以及更新Ⅱ类卫星对的双差载波相位观测方程见式（3-17）。

（5）根据权利要求（1）所述的方法，其特征在于，按下述方法解算Ⅰ类卫星对可用于定位的局部解：将所述的检核通过的Ⅰ类卫星对的双差整周模糊度代入重新建立的Ⅰ类卫星对的双差载波相位观测方程，利用最小二乘参数估计方法解算得到Ⅰ类卫星对可用于定位的局部解。

（6）根据权利要求（5）所述的方法，其特征在于，在所述Ⅱ类卫星对双差整周模糊度确定步骤中，解算Ⅱ类卫星对的双差整周模糊度的实数解见式（3-18）。

然后，将实数解按照"四舍六入、遇五奇进偶不进"原则取整运算，获得频率信号的双差整周模糊度的取整组见式（3-19）。

（7）根据权利要求（3）所述的方法，其特征在于，如式（3-8）确定 E_{Wide}。

（8）根据权利要求（3）所述的方法，其特征在于，确定 E_{Length}：

$$E_{\mathrm{Length}} = int\left(\frac{l \cdot \sigma}{\lambda_{f_{\mathrm{Fu}}}}\right) \tag{3-20}$$

式中，σ 为 GNSS 单历元伪距差分观测值的中误差，$\lambda_{f_{\mathrm{Fu}}}$ 为辅频率信号的波长，$l = 2 \sim 5$，$int(\bullet)$ 为取整运算。

（9）根据权利要求（2）所述的方法，其特征在于，所述预定数量根据 GNSS 接收机采样间隔如式（3-21）确定：

$$SatNum = \begin{cases} 8 \sim 10, & \text{若 } 1\mathrm{s} < T \leqslant 10\mathrm{s} \\ 6 \sim 7, & \text{若 } T = 1\mathrm{s} \\ 3 \sim 5, & \text{若 } 100\mathrm{ms} \leqslant T < 1\mathrm{s} \end{cases} \tag{3-21}$$

式中，$SatNum$ 为所述预定数量，T 为 GNSS 接收机采样间隔，$T = \dfrac{1}{F}$，F 为北斗/GNSS 接收机采样率。

3.1.5　本节小结

为快速确定整周模糊度，本领域的诸多专家学者进行了各种努力，提出了各种方法，也取得了很多成就。但是在实际工程应用实践中，尤其是在塔式起重机卫星定位智能监控系统研制中，基于高精度卫星定位实时动态定位的实际应用需求，目前的算法或方法仍然存在不足或有改进的必要。本节提出了一种塔式起重机用单历元双差整周模糊度快速确定方法及装置。值得说明的是，本节涉及的关键核心技术已取得国家发明专利授权证书（ZL202010599437.7）。

3.2　单历元双差整周模糊度解算检核及装置

本节公开了一种建筑塔式起重机用单历元双差整周模糊度解算检核方法及装置，尤其涉及将卫星定位接收机应用于塔式起重机智能监控技术领域。通过检核单历元双差整周模糊度，提高塔式起重机卫星定位智能监控系统应用的可靠性和精准性。

3.2.1　背景技术

相对来说，GNSS 伪距测量法精度低。因此，在高精度卫星定位领域，一般采用 GNSS 载波相位测量法。但卫星定位的载波相位信号是周期性的正弦信号，而载波相位测量只能测量其不足一个周（波长）的部分，因而存在整周不确定性的问题，称为整周模糊度。为准确确定整周模糊度，该领域的技术人员进行了各种努力，开发了各种方法，取得了很多成就。但是在实际工程应用实践中，尤其是对可靠性要求较高的塔式起重机智能监控应用领域，现有方法仍然存在一定的不足或有改进的必要。因此，设计一种塔式起重机用单历元双差整周模糊度解算验核解决思路。

3.2.2　发明内容

本节提供了一种塔式起重机用单历元双差整周模糊度解算检核方法，所述方法包括：

（1）确定主频率信号和辅频率信号；建立主频率信号的双差载波相位观测方程和辅频率信号的双差载波相位观测方程；利用辅频率信号的双差载波相位观测方程，确定主频率信号的双差整周模糊度的候选组；利用主频率信号的双差载波相位观测方程，对所述候选组进行显著性检验，将通过显著性检验的候选组确定为最优组；利用主频率信号的双差载波相位观测方程，确定主频率信号的双差整周模糊度的取整组；检核所述最优组和所述取整组的一致性。

（2）提供了一种北斗/GNSS 接收机，用于 GPS、BDS、GLONASS、Galileo 系统或多系统 GNSS，其特征在于，其使用了以上所述的方法。多系统 GNSS 是指包含 GPS、BDS、GLONASS、Galileo 系统中的两个或更多个系统组合的 GNSS 系统。

（3）提供了一种塔式起重机，其使用以上所述的北斗/GNSS 接收机，所述接收机包括安装在所述塔式起重机的施工现场附近的基准站北斗/GNSS 接收机和塔臂或塔身（塔顶）上的监控站北斗/GNSS 接收机。

根据本发明的技术方案，不但可以快速解算整周模糊度，还可以合理判断其正确性，能够有效提高塔式起重机卫星定位智能监控技术的监控精度和监控可靠性。

3.2.3　具体实施方式

本节提供了一种塔式起重机用单历元双差整周模糊度解算检核算法流程如图 3-4 所示。

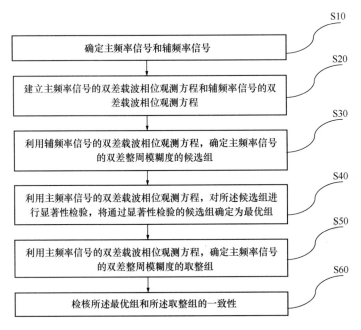

图 3-4　解算检核算法流程

由图 3-4 可知，塔式起重机用单历元双差整周模糊度解算检核算法流程步骤如下：

（1）在步骤 S10，确定主频率信号和辅频率信号。主频率信号主要用于定位，辅频率信号主要用于整周模糊度快速解算。根据一种实施方式，可以根据 GNSS 系统所对应的卫星定位系统，将 GPS L1 频率信号（第一频率信号）或 BDS B1 频率信号或 GLONASS L1 频率信号或 Galileo E1 频率信号确定为主频率信号，而将主频率信号之外的频率信号确定为辅频率信号，也可以是将单一系统（例如 GPS 系统的 L1、L2 或 L5）的多个频率信号进行宽巷组合或窄巷组合或超宽巷组合等线性组合形成一个新的组合频率信号确定为主频率信号，而将主频率信号之外的频率信号确定为辅频率信号。根据一种实施方式，将观测量精度高的一个原始频率信号或经多个原始频率信号进行线性组合后形成一个新的组合频率信号确定为主频率信号。将 GPS、GLONASS、BDS 或 Galileo 系统的第一频率信号，或者所述第一频率信号与第二频率信号和/或第三频率信号进行多频率信号的线性组合而形成的组合频率信号，确定为主频率信号，而将所述主频率信号之外的第二频率信号或第三频率信号或组合频率信号确定为辅频率信号，GPS、GLONASS、BDS 或 Galileo

系统的第一频率信号是 GPS、GLONASS、BDS 或 Galileo 系统的主要频率信号。

（2）在步骤 S20，构建主频率信号的双差载波相位观测方程和辅频率信号的双差载波相位观测方程。按下式建立主频率信号的双差载波相位观测方程和辅频率信号的双差载波相位观测方程：

$$
\begin{cases}
\lambda \cdot \nabla\Delta\Phi_{\mathrm{bm}}^{i1} = (\nabla\Delta\rho_{\mathrm{bm}}^{i1})^0 + \Delta p_{\mathrm{m}}^{i1} \cdot V_{X_{\mathrm{m}}} + \Delta q_{\mathrm{m}}^{i1} \cdot V_{Y_{\mathrm{m}}} + \Delta s_{\mathrm{m}}^{i1} \cdot V_{Z_{\mathrm{m}}} + \lambda \cdot \nabla\Delta N_{\mathrm{bm}}^{i1} \\
\qquad\qquad\qquad\qquad\qquad \vdots \\
\lambda \cdot \nabla\Delta\Phi_{\mathrm{bm}}^{ij} = (\nabla\Delta\rho_{\mathrm{bm}}^{ij})^0 + \Delta p_{\mathrm{m}}^{ij} \cdot V_{X_{\mathrm{m}}} + \Delta q_{\mathrm{m}}^{ij} \cdot V_{Y_{\mathrm{m}}} + \Delta s_{\mathrm{m}}^{ij} \cdot V_{Z_{\mathrm{m}}} + \lambda \cdot \nabla\Delta N_{\mathrm{bm}}^{ij} \\
\qquad\qquad\qquad\qquad\qquad \vdots \\
\lambda \cdot \nabla\Delta\Phi_{\mathrm{bm}}^{ik} = (\nabla\Delta\rho_{\mathrm{bm}}^{ik})^0 + \Delta p_{\mathrm{m}}^{ik} \cdot V_{X_{\mathrm{m}}} + \Delta q_{\mathrm{m}}^{ik} \cdot V_{Y_{\mathrm{m}}} + \Delta s_{\mathrm{m}}^{ik} \cdot V_{Z_{\mathrm{m}}} + \lambda \cdot \nabla\Delta N_{\mathrm{bm}}^{ik}
\end{cases}
$$

$$(3\text{-}22)$$

式中，λ 为频率信号的波长，包括主频率信号和辅频率信号的波长，当 λ 为主频率信号的波长时，建立的为主频率信号的双差载波相位观测方程，当 λ 为辅频率信号的波长时，建立的为辅频率信号的双差载波相位观测方程，其中，下标 b 表示基准站，下标 m 表示监控站，上标 i 表示卫星高度角最大的参考卫星，上标 j 表示除所述参考卫星之外的卫星，$j=1,2,\cdots,i-1,i+1,\cdots,k$，$\nabla\Delta\Phi_{\mathrm{bm}}^{ij}$ 表示双差载波相位观测值，$(\nabla\Delta\rho_{\mathrm{bm}}^{ij})^0$ 表示站星间距离观测值与卫地距差之差，$\Delta p_{\mathrm{m}}^{ij}$、$\Delta q_{\mathrm{m}}^{ij}$ 和 $\Delta s_{\mathrm{m}}^{ij}$ 表示卫地距方向余弦系数，$V_{X_{\mathrm{m}}}$、$V_{Y_{\mathrm{m}}}$ 和 $V_{Z_{\mathrm{m}}}$ 为监控站 m 的三维坐标改正数，$\nabla\Delta N_{\mathrm{bm}}^{ij}$ 表示双差整周模糊度，k 是正整数，指本历元观测的卫星的总数。

（3）在步骤 S30，利用辅频率信号的双差载波相位观测方程，确定主频率信号的双差整周模糊度的候选组。按下述方法确定主频率信号的双差整周模糊度的候选组：

首先，按下式计算辅频率信号的双差整周模糊度的初值：

$$
\begin{cases}
\nabla\Delta N_{\mathrm{bm}}^{i1}(f_{\mathrm{Fu}}) = \dfrac{\nabla\Delta\rho_{\mathrm{bm}}^{i1}(f_{\mathrm{Fu}})}{\lambda_{f_{\mathrm{Fu}}}} - \nabla\Delta\phi_{\mathrm{bm}}^{i1}(f_{\mathrm{Fu}}) \\
\qquad\qquad\qquad \vdots \\
\nabla\Delta N_{\mathrm{bm}}^{ij}(f_{\mathrm{Fu}}) = \dfrac{\nabla\Delta\rho_{\mathrm{bm}}^{ij}(f_{\mathrm{Fu}})}{\lambda_{f_{\mathrm{Fu}}}} - \nabla\Delta\phi_{\mathrm{bm}}^{ij}(f_{\mathrm{Fu}}) \\
\qquad\qquad\qquad \vdots \\
\nabla\Delta N_{\mathrm{bm}}^{ik}(f_{\mathrm{Fu}}) = \dfrac{\nabla\Delta\rho_{\mathrm{bm}}^{ik}(f_{\mathrm{Fu}})}{\lambda_{f_{\mathrm{Fu}}}} - \nabla\Delta\phi_{\mathrm{bm}}^{ik}(f_{\mathrm{Fu}})
\end{cases}
$$

$$(2\text{-}23)$$

式中，$\nabla\Delta N_{\mathrm{bm}}^{ij}(f_{\mathrm{Fu}})$ 表示辅频率信号 f_{Fu} 的双差整周模糊度的初值，$\nabla\Delta\rho_{\mathrm{bm}}^{ij}(f_{\mathrm{Fu}})$ 表示辅频率信号 f_{Fu} 的站星间距离观测值与卫地距差之差，$\nabla\Delta\phi_{\mathrm{bm}}^{ij}(f_{\mathrm{Fu}})$ 表示辅频率信号 f_{Fu} 的双差载波相位观测值，$\lambda_{f_{\mathrm{Fu}}}$ 为辅频率信号 f_{Fu} 的波长；

其次，利用所述初值，确定辅频率信号的双差整周模糊度的候选值，针对卫星对 i 和 j，有：

$$
\{\nabla\Delta N_{\mathrm{bm}}^{ij}(f_{\mathrm{Fu}})\} \in \begin{cases} \left[\nabla\Delta N_{\mathrm{bm}}^{ij}(f_{\mathrm{Fu}}) - E_{\mathrm{Length}} + int\left(\dfrac{E_{\mathrm{Length}}}{2}\right), \nabla\Delta N_{\mathrm{bm}}^{ij}(f_{\mathrm{Fu}}) + int\left(\dfrac{E_{\mathrm{Length}}}{2}\right)\right] \\ Z \end{cases}
$$

$$(3\text{-}24)$$

其中，i 为参考卫星，j 为除参考卫星之外的卫星，$j=1,2,\cdots,i-1,i+1,\cdots,k$，$E_{\mathrm{Length}}$ 指卫星对 i 和 j 的误差带的带长，根据一种实施方式，采用 l 倍 GNSS 单历元伪距差分观测值的中误差 σ 构建。具体地，可以按式（3-25）确定：

$$E_{\mathrm{Length}} = int\left(\frac{l \cdot \sigma}{\lambda_{f_{\mathrm{Fu}}}}\right) \tag{3-25}$$

式中，σ 为 GNSS 单历元伪距差分观测值的中误差，$\lambda_{f_{\mathrm{Fu}}}$ 为辅频率信号的波长，$l = 2\sim5$，$int(\cdot)$ 为取整运算。

采用 GNSS 单历元伪距差分观测值的中误差 σ 构建，可以增加卫星对 i 和 j 的误差带的准确性，其中所述伪距差分观测值可以是单差观测值，也可以是双差观测值。针对式（3-42），$\nabla\Delta N_{\mathrm{bm}}^{ij}(f_{\mathrm{Fu}})$ 为辅频率信号 f_{Fu} 的双差整周模糊度的候选值，$\{\nabla\Delta N_{\mathrm{bm}}^{ij}(f_{\mathrm{Fu}})\}=\{\nabla\Delta N_{\mathrm{bm}}^{ij}(f_{\mathrm{Fu}})_1,\nabla\Delta N_{\mathrm{bm}}^{ij}(f_{\mathrm{Fu}})_2,\cdots,\nabla\Delta N_{\mathrm{bm}}^{ij}(f_{\mathrm{Fu}})_w\}$，$w$ 为候选值个数；再次，利用下述关系式，将 $u<\dfrac{E_{\mathrm{Wide}}}{2}$ 的 $\nabla\Delta N_{\mathrm{bm}}^{ij}(f_{\mathrm{Zhu}})$ 确定为主频率信号 f_{Zhu} 的双差整周模糊度的候选值：

$$
\begin{aligned}
u &= \left|\frac{\nabla\Delta\varepsilon_{\mathrm{bm}}^{ij}(f_{\mathrm{Zhu}}) - \nabla\Delta\varepsilon_{\mathrm{bm}}^{ij}(f_{\mathrm{Fu}})}{\lambda_{f_{\mathrm{Zhu}}}}\right| \\
&= \left|\nabla\Delta N_{\mathrm{bm}}^{ij}(f_{\mathrm{Zhu}}) - \left[\frac{\lambda_{f_{\mathrm{Fu}}}}{\lambda_{f_{\mathrm{Zhu}}}} \cdot \nabla\Delta N_{\mathrm{bm}}^{ij}(f_{\mathrm{Fu}}) + \frac{\lambda_{f_{\mathrm{Fu}}}}{\lambda_{f_{\mathrm{Zhu}}}} \cdot \nabla\Delta\phi_{\mathrm{bm}}^{ij}(f_{\mathrm{Fu}}) - \nabla\Delta\phi_{\mathrm{bm}}^{ij}(f_{\mathrm{Zhu}})\right]\right|
\end{aligned}
\tag{3-26}
$$

其中，$\nabla\Delta N_{\mathrm{bm}}^{ij}(f_{\mathrm{Fu}}) \in \mathbf{Z}$，$\nabla\Delta N_{\mathrm{bm}}^{ij}(f_{\mathrm{Zhu}}) \in \mathbf{Z}$。

式中，u 为误差带，$\nabla\Delta\varepsilon_{\mathrm{bm}}^{ij}(f_{\mathrm{Zhu}})$ 为主频率信号 f_{Zhu} 经站星间双差后的残余误差及测量噪声，$\nabla\Delta\varepsilon_{\mathrm{bm}}^{ij}(f_{\mathrm{Fu}})$ 为辅频率信号 f_{Fu} 经站星间双差后的残余误差及测量噪声，$\lambda_{f_{\mathrm{Zhu}}}$ 为主频率信号的波长，$\lambda_{f_{\mathrm{Fu}}}$ 为辅频率信号的波长，$\nabla\Delta N_{\mathrm{bm}}^{ij}(f_{\mathrm{Fu}})$ 为辅频率信号 f_{Fu} 的双差整周模糊度的候选值，E_{Wide} 为卫星对 i 和 j 的误差带的带宽。根据这种实施方式，可采用基准站 b 与监控站 m 之间形成的基线长度 L_{bm} 构建，按式（3-8）确定 E_{Wide}。

由于式（3-8）使用了基线长度 L_{bm}，可以更好地确定带宽，增加了卫星对 i 和 j 的误差带构建的准确性。

$\nabla\Delta N_{\mathrm{bm}}^{ij}(f_{\mathrm{Zhu}})$ 为主频率信号 f_{Zhu} 的双差整周模糊度候选值，$\{\nabla\Delta N_{\mathrm{bm}}^{ij}(f_{\mathrm{Zhu}})\}=\{\nabla\Delta N_{\mathrm{bm}}^{ij}(f_{\mathrm{Zhu}})_1,\nabla\Delta N_{\mathrm{bm}}^{ij}(f_{\mathrm{Zhu}})_2,\cdots,\nabla\Delta N_{\mathrm{bm}}^{ij}(f_{\mathrm{Zhu}})_v\}$，$v$ 为候选值个数。

最后，单历元所有的卫星对的主频率信号的双差整周模糊度的候选值按下式表示：

$$
\begin{aligned}
&\nabla\Delta N_{\mathrm{bm}}^{il}(f_{\mathrm{Zhu}})_1, \nabla\Delta N_{\mathrm{bm}}^{il}(f_{\mathrm{Zhu}})_2, \cdots, \nabla\Delta N_{\mathrm{bm}}^{il}(f_{\mathrm{Zhu}})_{v_1} \\
&\qquad\qquad\qquad \vdots \\
&\nabla\Delta N_{\mathrm{bm}}^{ij}(f_{\mathrm{Zhu}})_1, \nabla\Delta N_{\mathrm{bm}}^{ij}(f_{\mathrm{Zhu}})_2, \cdots, \nabla\Delta N_{\mathrm{bm}}^{ij}(f_{\mathrm{Zhu}})_{v_j} \\
&\qquad\qquad\qquad \vdots \\
&\nabla\Delta N_{\mathrm{bm}}^{ik}(f_{\mathrm{Zhu}})_1, \nabla\Delta N_{\mathrm{bm}}^{ik}(f_{\mathrm{Zhu}})_2, \cdots, \nabla\Delta N_{\mathrm{bm}}^{ik}(f_{\mathrm{Zhu}})_{v_k}
\end{aligned}
\tag{3-27}
$$

对所述候选值进行 $t = C_{v_1}^1 \times \cdots \times C_{v_j}^1 \times \cdots \times C_{v_k}^1 = v_1 \times \cdots \times v_j \times \cdots \times v_k$ 组排列组合，获得单历元所有的卫星对的主频率信号的双差整周模糊度的候选组，t 表示候选组总数。

（4）在步骤 S40，利用主频率信号的双差载波相位观测方程，对所述候选组进行显著性检验，将通过显著性检验的候选组确定为最优组。根据一种实施方式，确定主频率信号的双差整周模糊度的最优组：将主频率信号的双差整周模糊度的 t 组候选组依次代入主频率的双差载波相位观测方程中，根据最小二乘间接平差原理，对应的主频率信号的双差载波相位观测方程的误差方程为：

$$
\begin{bmatrix} v_{\text{bm}}^{i1} \\ \vdots \\ v_{\text{bm}}^{ij} \\ \vdots \\ v_{\text{bm}}^{ik} \end{bmatrix} = \begin{bmatrix} \Delta p_{\text{bm}}^{i1} & \Delta q_{\text{bm}}^{i1} & \Delta s_{\text{bm}}^{i1} \\ \vdots & \vdots & \vdots \\ \Delta p_{\text{bm}}^{ij} & \Delta q_{\text{bm}}^{ij} & \Delta s_{\text{bm}}^{ij} \\ \vdots & \vdots & \vdots \\ \Delta p_{\text{bm}}^{ik} & \Delta q_{\text{bm}}^{ik} & \Delta s_{\text{bm}}^{ik} \end{bmatrix} \begin{bmatrix} V_{X_{\text{m}}} \\ V_{Y_{\text{m}}} \\ V_{Z_{\text{m}}} \end{bmatrix} - \begin{bmatrix} l_{\text{bm}}^{i1} \\ \vdots \\ l_{\text{bm}}^{ij} \\ \vdots \\ l_{\text{bm}}^{ik} \end{bmatrix}
\tag{3-28}
$$

写成矩阵形式为：

$$
\underset{(k-1)\times1}{\boldsymbol{V}} = \underset{(k-1)\times3}{\boldsymbol{B}} \underset{3\times1}{\boldsymbol{X}} - \underset{(k-1)\times1}{\boldsymbol{L}}
\tag{3-29}
$$

式中，$\underset{(k-1)\times1}{\boldsymbol{V}} = \begin{bmatrix} v_{\text{bm}}^{i1} \\ \vdots \\ v_{\text{bm}}^{ij} \\ \vdots \\ v_{\text{bm}}^{ik} \end{bmatrix}$，$\underset{(k-1)\times3}{\boldsymbol{B}} = \begin{bmatrix} \Delta p_{\text{bm}}^{i1} & \Delta q_{\text{bm}}^{i1} & \Delta s_{\text{bm}}^{i1} \\ \vdots & \vdots & \vdots \\ \Delta p_{\text{bm}}^{ij} & \Delta q_{\text{bm}}^{ij} & \Delta s_{\text{bm}}^{ij} \\ \vdots & \vdots & \vdots \\ \Delta p_{\text{bm}}^{ik} & \Delta q_{\text{bm}}^{ik} & \Delta s_{\text{bm}}^{ik} \end{bmatrix}$，$\underset{3\times1}{\boldsymbol{X}} = \begin{bmatrix} V_{X_{\text{m}}} \\ V_{Y_{\text{m}}} \\ V_{Z_{\text{m}}} \end{bmatrix}$，

$$
\underset{(k-1)\times1}{\boldsymbol{L}} = \begin{bmatrix} l_{\text{bm}}^{i1} \\ \vdots \\ l_{\text{bm}}^{ij} \\ \vdots \\ l_{\text{bm}}^{ik} \end{bmatrix} = \begin{bmatrix} \lambda_{f_{\text{Zhu}}} \cdot \nabla\Delta\Phi_{\text{bm}}^{i1} - (\nabla\Delta\rho_{\text{bm}}^{i1})^0 \\ \vdots \\ \lambda_{f_{\text{Zhu}}} \cdot \nabla\Delta\Phi_{\text{bm}}^{ij} - (\nabla\Delta\rho_{\text{bm}}^{ij})^0 \\ \vdots \\ \lambda_{f_{\text{Zhu}}} \cdot \nabla\Delta\Phi_{\text{bm}}^{ik} - (\nabla\Delta\rho_{\text{bm}}^{ik})^0 \end{bmatrix} - \lambda_{f_{\text{Zhu}}} \begin{bmatrix} \nabla\Delta N_{\text{bm}}^{i1} \\ \vdots \\ \nabla\Delta N_{\text{bm}}^{ij} \\ \vdots \\ \nabla\Delta N_{\text{bm}}^{ik} \end{bmatrix}
$$

式中，下标 b 表示基准站，下标 m 表示监控站，上标 i 表示卫星高度角最大的参考卫星，上标 j 表示所述参考卫星外的卫星，$j=1,2,\cdots,i-1,i+1,\cdots,k$，$\nabla\Delta\Phi_{\text{bm}}^{ij}$ 为双差载波相位观测值，$\lambda_{f_{\text{Zhu}}}$ 为主频率信号的波长，$\nabla\Delta N_{\text{bm}}^{ij}$ 为主频率信号的双差整周模糊度的候选组；$(\nabla\Delta\rho_{\text{bm}}^{ij})^0$ 为站星间距离观测值与卫地距差之差，Δp_{m}^{ij}、Δq_{m}^{ij} 和 Δs_{m}^{ij} 为卫地距方向余弦系数，$V_{X_{\text{m}}}$、$V_{Y_{\text{m}}}$ 和 $V_{Z_{\text{m}}}$ 为监控站 m 的三维坐标改正数，v_{bm}^{ij} 为双差载波相位观测值的残差，l_{bm}^{ij} 为主频率的双差载波相位观测方程的常数项；其次，根据最小二乘参数估计方法，按下式计算主频率信号的双差载波相位观测方程的单位权方差因子：

$$
\delta_0^2 = \frac{\underset{1\times(k-1)}{\boldsymbol{V}^T}\underset{(k-1)\times(k-1)}{\boldsymbol{P}}\underset{(k-1)\times1}{\boldsymbol{V}}}{(k-1)-3}
\tag{3-30}
$$

式中，k 为单历元的观测卫星总数，$\boldsymbol{P}$ 为单历元的双差载波相位观测值的权矩阵；由 t 组候选组，可以计算获得 t 个单位权方差因子，用集合表示为 $\{\Omega\} = \{\delta_0^2(i,),i=1,2,\cdots,t\}$；接着，对集合 $\{\Omega\}$ 进行从小到大排序，获得集合 $\{\Omega\} = \{\Omega_1 \quad \Omega_2 \quad \cdots \quad \Omega_t\}$，构造显著性检验值：

$$
Ratio = \frac{\Omega_2}{\Omega_1}
\tag{3-31}
$$

根据式（3-31），将 $Ratio > R$ 的 Ω_1 所对应的双差整周模糊度的候选组确定为最优组，

即 $\begin{bmatrix} \nabla\Delta N_{\mathrm{bm}}^{i1} \\ \vdots \\ \nabla\Delta N_{\mathrm{bm}}^{ij} \\ \vdots \\ \nabla\Delta N_{\mathrm{bm}}^{ik} \end{bmatrix}_{\Omega_1}$，其中 $R=1.8\sim3$。

（5）在步骤 S50，利用主频率信号的双差载波相位观测方程，确定主频率信号的双差整周模糊度的取整组，具体如下：

首先，将所确定的主频率信号的双差整周模糊度的最优组代入主频率信号的双差载波相位观测方程，采用最小二乘参数间接平差方法，计算获得监控站 m 的三维坐标改正数，并将三维坐标改正数代入主频率信号的双差载波相位观测方程，按下式解算主频率信号的双差整周模糊度的实数解：

$$\begin{cases} \nabla\Delta N_{\mathrm{bm}}^{i1} = \nabla\Delta\varPhi_{\mathrm{bm}}^{i1} - \dfrac{1}{\lambda_{f_{\mathrm{Zhu}}}}\left[(\nabla\Delta\rho_{\mathrm{bm}}^{i1})^0 + \Delta p_{\mathrm{m}}^{i1}\cdot V_{X_{\mathrm{m}}} + \Delta q_{\mathrm{m}}^{i1}\cdot V_{Y_{\mathrm{m}}} + \Delta s_{\mathrm{m}}^{i1}\cdot V_{Z_{\mathrm{m}}} \right] \\ \vdots \\ \nabla\Delta N_{\mathrm{bm}}^{ij} = \nabla\Delta\varPhi_{\mathrm{bm}}^{ij} - \dfrac{1}{\lambda_{f_{\mathrm{Zhu}}}}\left[(\nabla\Delta\rho_{\mathrm{bm}}^{ij})^0 + \Delta p_{\mathrm{bm}}^{ij}\cdot V_{X_{\mathrm{m}}} + \Delta q_{\mathrm{bm}}^{ij}\cdot V_{Y_{\mathrm{m}}} + \Delta s_{\mathrm{bm}}^{ij}\cdot V_{Z_{\mathrm{m}}} \right] \\ \vdots \\ \nabla\Delta N_{\mathrm{bm}}^{ik} = \nabla\Delta\varPhi_{\mathrm{bm}}^{ik} - \dfrac{1}{\lambda_{f_{\mathrm{Zhu}}}}\left[(\nabla\Delta\rho_{\mathrm{bm}}^{ik})^0 + \Delta p_{\mathrm{bm}}^{ik}\cdot V_{X_{\mathrm{m}}} + \Delta q_{\mathrm{bm}}^{ik}\cdot V_{Y_{\mathrm{m}}} + \Delta s_{\mathrm{bm}}^{ik}\cdot V_{Z_{\mathrm{m}}} \right] \end{cases}$$

$$(3\text{-}32)$$

然后，将实数解按照"四舍六入、遇五奇进偶不进"原则取整运算，按下式获得主频率信号的双差整周模糊度的取整组：

$$\begin{bmatrix} int(\nabla\Delta N_{\mathrm{bm}}^{i1}) \\ \vdots \\ int(\nabla\Delta N_{\mathrm{bm}}^{ij}) \\ \vdots \\ int(\nabla\Delta N_{\mathrm{bm}}^{ik}) \end{bmatrix} = \begin{bmatrix} int\left\{ \nabla\Delta\varPhi_{\mathrm{bm}}^{i1} - \dfrac{1}{\lambda_{f_{\mathrm{Zhu}}}}\left[(\nabla\Delta\rho_{\mathrm{bm}}^{i1})^0 + \Delta p_{\mathrm{m}}^{i1}\cdot V_{X_{\mathrm{m}}} + \Delta q_{\mathrm{m}}^{i1}\cdot V_{Y_{\mathrm{m}}} + \Delta s_{\mathrm{m}}^{i1}\cdot V_{Z_{\mathrm{m}}} \right] \right\} \\ \vdots \\ int\left\{ \nabla\Delta\varPhi_{\mathrm{bm}}^{ij} - \dfrac{1}{\lambda_{f_{\mathrm{Zhu}}}}\left[(\nabla\Delta\rho_{\mathrm{bm}}^{ij})^0 + \Delta p_{\mathrm{bm}}^{ij}\cdot V_{X_{\mathrm{m}}} + \Delta q_{\mathrm{bm}}^{ij}\cdot V_{Y_{\mathrm{m}}} + \Delta s_{\mathrm{bm}}^{ij}\cdot V_{Z_{\mathrm{m}}} \right] \right\} \\ \vdots \\ int\left\{ \nabla\Delta\varPhi_{\mathrm{bm}}^{ik} - \dfrac{1}{\lambda_{f_{\mathrm{Zhu}}}}\left[(\nabla\Delta\rho_{\mathrm{bm}}^{ik})^0 + \Delta p_{\mathrm{bm}}^{ik}\cdot V_{X_{\mathrm{m}}} + \Delta q_{\mathrm{bm}}^{ik}\cdot V_{Y_{\mathrm{m}}} + \Delta s_{\mathrm{bm}}^{ik}\cdot V_{Z_{\mathrm{m}}} \right] \right\} \end{bmatrix}$$

$$(3\text{-}33)$$

式中，$\begin{bmatrix} int(\nabla\Delta N_{\mathrm{bm}}^{i1}) \\ \vdots \\ int(\nabla\Delta N_{\mathrm{bm}}^{ij}) \\ \vdots \\ int(\nabla\Delta N_{\mathrm{bm}}^{ik}) \end{bmatrix}$ 为主频率信号的双差整周模糊度的整数组。

（6）在步骤 S60，检核所述最优组和所述取整组的一致性。按下述方法检核主频率信号的双差整周模糊度的所述最优组与所述取整组的一致性：

1）针对单历元的卫星对 i 和 j 的双差整周模糊度，判断最优组中的 $\nabla\Delta N_{\mathrm{bm}}^{ij}$ 与取整组中 $int(\nabla\Delta N_{\mathrm{bm}}^{ij})$ 是否相等，$j = 1, 2, \cdots, i-1, i+1, \cdots, k$；

2）如果 $\nabla\Delta N_{\mathrm{bm}}^{ij} = int(\nabla\Delta N_{\mathrm{bm}}^{ij})$，则判定为 GNSS 单历元双差整周模糊度解算检核通过，表示卫星对 i 和 j 的双差整周模糊度解算成功；如果 $\nabla\Delta N_{\mathrm{bm}}^{ij} \neq int(\nabla\Delta N_{\mathrm{bm}}^{ij})$，则判定为 GNSS 单历元双差整周模糊度解算检核不通过，表示卫星对 i 和 j 的双差整周模糊度解算失败，删除卫星对 i 和 j 的双差载波相位观测方程，更新频率信号的双差载波相位观测方程，再次进行 GNSS 单历元双差整周模糊度解算检核。

本发明的技术方案可以应用于塔式起重机卫星定位智能监控系统研制中，用于各种的全球卫星导航系统的高精度卫星定位服务的情况。在该种情况下，所述塔式起重机卫星定位智能监控系统包括基准站的北斗/GNSS 接收机和监控站的北斗/GNSS 接收机。其中，监控站的北斗/GNSS 接收机可以设置在塔式起重机的塔臂或塔身上；基准站的北斗/GNSS 接收机和监控站的北斗/GNSS 接收机使用本发明的塔式起重机用单历元双差整周模糊度解算检核方法，可以提高单历元快速解算出的双差整周模糊度的可靠性和正确性。其中，塔式起重机卫星定位智能监控系统关键技术还可以包括一种塔式起重机用单历元双差整周模糊度解算检核装置，如图 3-5 所示。

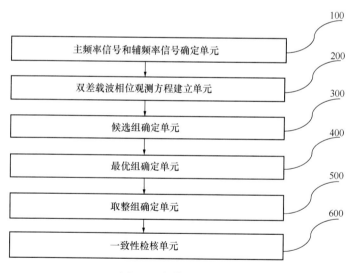

图 3-5　解算检核装置

根据图 3-5 可知，塔式起重机用单历元双差整周模糊度解算检核装置包括：

（1）主频率信号和辅频率信号确定单元 100，确定主频率信号和辅频率信号；

（2）双差载波相位观测方程建立单元 200，建立主频率信号的双差载波相位观测方程和辅频率信号的双差载波相位观测方程；

（3）候选组确定单元 300，利用辅频率信号的双差载波相位观测方程，确定主频率信号的双差整周模糊度的候选组；

（4）最优组确定单元 400，利用主频率信号的双差载波相位观测方程，对所述候选组进行显著性检验，将通过显著性检验的候选组确定为最优组；

（5）取整组确定单元 500，利用主频率信号的双差载波相位观测方程，确定主频率信号的双差整周模糊度的取整组；

（6）一致性检核单元 600，检核所述最优组和所述取整组的一致性。

值得说明的是，（1）～（6）的单元分别执行前述的步骤 S10、S20、S30、S40、S50、S60 的运算操作，具体请参见对应步骤。（1）～（6）的单元和装置可以分别或组合地由经过编程的独立芯片、专门制造的芯片、现场可编程门阵列等硬件单独实现，也可以由具有计算处理能力的机器结合软件实现。

3.2.4 权利要求书

建筑塔式起重机用单历元双差整周模糊度解算检核及装置，涉及一项国家发明专利技术：GNSS 单历元双差整周模糊度解算检核方法、接收机和塔吊机，（ZL202010599281.2）。其中，主张保护的权利要求项如下（周命端，2020）：

（1）一种 GNSS 单历元双差整周模糊度解算检核方法，所述方法包括：确定主频率信号和辅频率信号；建立主频率信号的双差载波相位观测方程和辅频率信号的双差载波相位观测方程；利用辅频率信号的双差载波相位观测方程，确定主频率信号的双差整周模糊度的候选组；利用主频率信号的双差载波相位观测方程，对所述候选组进行显著性检验，将通过显著性检验的候选组确定为最优组；利用主频率信号的双差载波相位观测方程，确定主频率信号的双差整周模糊度的取整组；检核所述最优组和所述取整组的一致性，其中，建立主频率信号的双差载波相位观测方程和辅频率信号的双差载波相位观测方程见式（3-22）。按下述方法确定主频率信号的双差整周模糊度的取整组：

首先，将所确定的主频率信号的双差整周模糊度的最优组 $\begin{bmatrix} \nabla\Delta N_{\mathrm{bm}}^{i1} \\ \vdots \\ \nabla\Delta N_{\mathrm{bm}}^{ij} \\ \vdots \\ \nabla\Delta N_{\mathrm{bm}}^{ik} \end{bmatrix}_{\Omega_1}$，代入主频率

信号的双差载波相位观测方程，采用最小二乘参数间接平差方法，计算获得监控站 m 的三维坐标改正数，并将三维坐标改正数代回主频率信号的双差载波相位观测方程，解算主频率信号的双差整周模糊度的实数解，见式（3-32）。

然后，将实数解按照"四舍六入、遇五奇进偶不进"原则取整运算，获得主频率信号的双差整周模糊度的取整组，见式（3-33）。

其中，$\begin{bmatrix} int\left(\nabla\Delta N_{\mathrm{bm}}^{i1}\right) \\ \vdots \\ int\left(\nabla\Delta N_{\mathrm{bm}}^{ij}\right) \\ \vdots \\ int\left(\nabla\Delta N_{\mathrm{bm}}^{ik}\right) \end{bmatrix}$ 为主频率信号的双差整周模糊度的整数组，$\lambda_{f_{Zhu}}$ 为主频率信号的

波长。

（2）根据权利要求（1）所述的方法，其特征在于将 GPS、GLONASS、BDS 或 Galileo 系统的第一频率信号，或者所述第一频率信号与第二频率信号和/或第三频率信号进行多频率信号的线性组合而形成的组合频率信号，确定为主频率信号，而将所述主频率信号之外的第二频率信号或第三频率信号或组合频率信号确定为辅频率信号，GPS、GLONASS、BDS 或 Galileo 系统的第一频率信号是 GPS、GLONASS、BDS 或 Galileo 系统的主要频率信号。

（3）根据权利要求（1）所述的方法，其特征在于，按下述方法确定主频率信号的双差整周模糊度的候选组：

首先，计算辅频率信号的双差整周模糊度的初值，见式（3-23）。

其次，利用所述初值，确定辅频率信号的双差整周模糊度的候选值，见式（3-24）、式（3-25）。

再次，利用关系式，将 $u < \dfrac{E_{\text{Wide}}}{2}$ 的 $\nabla \Delta N_{\text{bm}}^{ij}(f_{\text{Zhu}})$ 确定为主频率信号 f_{zhu} 的双差整周模糊度的候选值，见式（3-26）。

最后，单历元所有的卫星对的主频率信号的双差整周模糊度的候选值，见式（3-27）。

（4）根据权利要求（3）所述的方法，其特征在于，按下述方法确定主频率信号的双差整周模糊度的最优组：

首先，将主频率信号的双差整周模糊度的 t 组候选组依次代入主频率信号的双差载波相位观测方程中，根据最小二乘间接平差原理，对应的主频率信号的双差载波相位观测方程的误差方程见式（3-28），写成矩阵形式见式（3-29）。

其次，根据最小二乘参数估计方法，计算主频率信号的双差载波相位观测方程的单位权方差因子，见式（3-30）。

由 t 组候选组，可以计算获得 t 个单位权方差因子，用集合表示为 $\{\Omega\} = \{\delta_0^2(i,), i = 1, 2, \cdots, t\}$；

接着，对集合 $\{\Omega\}$ 中的元素进行从小到大排序，获得集合 $\{\Omega\} = \{\Omega_1 \quad \Omega_2 \quad \cdots \quad \Omega_t\}$，构造显著性检验值见式（3-31）。

将 $Ratio > R$ 的 Ω_1 所对应的双差整周模糊度的候选组确定为最优组，即 $\begin{bmatrix} \nabla \Delta N_{\text{bm}}^{i1} \\ \vdots \\ \nabla \Delta N_{\text{bm}}^{ij} \\ \vdots \\ \nabla \Delta N_{\text{bm}}^{ik} \end{bmatrix}_{\Omega_1}$，

其中 $R = 1.8 \sim 3$。

（5）根据权利要求（1）所述的方法，其特征在于，按下述方法检核主频率信号的双差整周模糊度的所述最优组与所述取整组的一致性：

针对单历元的卫星对 i 和 j 的双差整周模糊度，判断最优组中的 $\nabla \Delta N_{\text{bm}}^{ij}$ 与取整组中 $int(\nabla \Delta N_{\text{bm}}^{ij})$ 是否相等，$j = 1, 2, \cdots, i-1, i+1, \cdots, k$；

如果 $\nabla \Delta N_{\text{bm}}^{ij} = int(\nabla \Delta N_{\text{bm}}^{ij})$，则判定为 GNSS 单历元双差整周模糊度解算检核通过，表示卫星对 i 和 j 的双差整周模糊度解算成功；

如果 $\nabla\Delta N_{\mathrm{bm}}^{ij} \neq int(\nabla\Delta N_{\mathrm{bm}}^{ij})$，则判定为 GNSS 单历元双差整周模糊度解算检核不通过，表示卫星对 i 和 j 的双差整周模糊度解算失败。

（6）根据权利要求（3）所述的方法，其特征在于，按式（3-34）确定 E_{Length}：

$$E_{\mathrm{Length}} = int\left(\frac{l \cdot \sigma}{\lambda_{f_{\mathrm{Fu}}}}\right) \tag{3-34}$$

其中，σ 为 GNSS 单历元伪距差分观测值的中误差，$\lambda_{f_{\mathrm{Fu}}}$ 为辅频率信号的波长，$l = 2\sim5$，$int(\cdot)$ 为取整运算；确定 E_{Wide}，见式（3-8）。

（7）一种接收机，用于 GPS、BDS、GLONASS、Galileo 系统或多系统 GNSS，其特征在于，其使用权利要求(1)～(6)中任一项所述的方法。

（8）一种塔吊机，其使用权利要求（7）所述的接收机，所述接收机安装在所述塔吊机的施工现场附近的基准站 GNSS 接收机和塔臂或塔身上的监控站 GNSS 接收机。

3.2.5 本节小结

在高精度卫星定位领域一般采用 GNSS 载波相位测量法。本节提出了一种塔式起重机用单历元双差整周模糊度解算检核方法及装置。本发明的技术方案为塔式起重机用单历元双差整周模糊度快速确定提供一种可靠性强、简单且有效的检核算法，尤其是将卫星定位接收机应用于塔式起重机智能监控技术领域，具有重要的现实意义和参考价值。值得说明的是，本节涉及的关键核心技术已取得国家发明专利授权证书（ZL202010599281.2）。

3.3 塔顶位置卫星定位三维动态检测与分级预警装置

本节提出了一种塔式起重机塔顶位置卫星定位三维动态检测与分级预警装置，尤其涉及塔式起重机及其健康监测预警的技术领域。

3.3.1 背景技术

塔式起重机偶有安全事故发生，一旦发生安全事故就会造成较大的损失。随着塔式起重机塔身高度的不断增加，如果塔身出现较大的倾斜，则可能造成重大的安全事故。因而，实时准确地对塔式起重机塔身倾斜进行智能三维动态检测与分级预警，这对于确保塔式起重机安全运行状态智能监控具有重大的现实意义和实用价值。

3.3.2 发明内容

本节提供了一种塔顶位置卫星定位三维动态检测与分级预警装置，用于塔式起重机卫星定位智能监控系统中，所述塔式起重机系统包括塔式起重机的塔身、位于所述塔身顶部的 GNSS 检测站、位于施工现场的 GNSS 基准站，所述装置包括：

（1）三维动态检测计算单元，从所述 GNSS 基准站和所述 GNSS 检测站接收高采样率的卫星定位数据，计算塔顶的北向、东向及天顶向的位置检测结果；

（2）检测参数确定单元，从所述塔顶的北向、东向及天顶向的位置检测结果，确定当前检测历元的塔顶三维动态检测参数；

（3）预警单元，根据所述 GNSS 检测站的标称检测精度，确定当前检测历元的预警参数；预警单元将所述塔顶三维动态检测参数与所述预警参数进行比较并在超过所述预警参数时确定进行预警。

依据本发明的技术方案，能够实时检测塔身健康情况，结构简单、不用在塔身上安装复杂的倾角传感器等设备，提高建筑施工作业的安全性。根据本发明，计算每个当前历元的应急预警参数，而不是使用一成不变的应急预警参数，使得预警的结果更加准确；在计算中使用 GNSS 检测站的标称检测精度和塔身高度，进一步使预警结果更加准确；可以采用多级预警，各级预警参数计算简单、快捷，并能够实现分级预警，使得对塔身安全的管理更加科学有效。

3.3.3 具体实施方式

根据本发明，一种实施方式的塔式起重机塔顶位置卫星定位三维动态检测与分级预警装置的塔式起重机系统示意图如图 3-6 所示。

根据图 3-6 所示，可以应用本发明的塔式起重机包括塔身 14、塔横肉臂 13，在塔顶安装有 GNSS 检测站（GNSS 流动站，Rover Station）12，GNSS 检测站 12 包括接收机（GNSS 接收机），可以和地面设置的 GNSS 基准站（Base Station）11 通信。GNSS 基准站 11 可以架设在视野开阔、遮挡少的地方。基准站和检测站通过对导航卫星进行高精度定位，从而可以实现自身定位。GNSS 检测站 12 如何接收导航卫星信号以及如何与 GNSS 基准站 11 进行交互，如何接收和使用 GNSS 卫星差分改正信号可以采用本领域所知的任何方法实现，在此不予赘述。

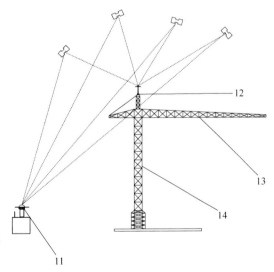

图 3-6　塔式起重机系统示意图
11—GNSS 基准站；12—塔顶 GNSS 检测站；
13—塔横臂；14—塔身

假设 GNSS 基准站 11 和 GNSS 检测站 12（检测站 d）在某一历元时刻同步观测的导航卫星数为 n^j，且以同步观测的导航卫星高度角最大的 j 作为参考卫星，则针对施工现场短基线情况下可列出 $n^j - 1$ 个单历元双差载波相位观测方程，其所对应的误差方程用矩阵形式表示为：

$$\boldsymbol{V} = \boldsymbol{A} \cdot \delta \boldsymbol{X}_{\mathrm{d}} + \boldsymbol{B} \cdot \nabla \Delta \boldsymbol{N} + \nabla \Delta \boldsymbol{L} \tag{3-35}$$

式中，$V = \begin{bmatrix} v^1 & v^2 & \cdots & v^{n^j-1} \end{bmatrix}^{\mathrm{T}}$，$\delta X_{\mathrm{d}} = \begin{bmatrix} \delta x_{\mathrm{d}} & \delta y_{\mathrm{d}} & \delta z_{\mathrm{d}} \end{bmatrix}^{\mathrm{T}}$，

$$A = \frac{1}{\lambda} \cdot \begin{bmatrix} \Delta l_{\mathrm{d}}^1 & \Delta m_{\mathrm{d}}^1 & \Delta n_{\mathrm{d}}^1 \\ \Delta l_{\mathrm{d}}^2 & \Delta m_{\mathrm{d}}^2 & \Delta n_{\mathrm{d}}^2 \\ \vdots & \vdots & \vdots \\ \Delta l_{\mathrm{d}}^{n^j-1} & \Delta m_{\mathrm{d}}^{n^j-1} & \Delta n_{\mathrm{d}}^{n^j-1} \end{bmatrix}, \quad B = \begin{bmatrix} 1 & 0 & \cdots & 0 \\ 0 & 1 & \cdots & 0 \\ \vdots & \vdots & \cdots & \vdots \\ 0 & 0 & \cdots & 1 \end{bmatrix}$$

$$\nabla\Delta N = \begin{bmatrix} \nabla\Delta N^1 & \nabla\Delta N^2 & \cdots & \nabla\Delta N^{n^j-1} \end{bmatrix}^{\mathrm{T}}, \quad \nabla\Delta L = \begin{bmatrix} \nabla\Delta L^1 & \nabla\Delta L^2 & \cdots & \nabla\Delta L^{n^j-1} \end{bmatrix}^{\mathrm{T}}$$

式中，V 为双差观测值残差改正数矩阵，其中 v^{n^j-1} 为第 n^j-1 颗卫星双差观测值残差改正数；δX_{d} 为检测站 d 单历元定位的位置参数修正量，其中 δx_{d}、δy_{d} 和 δz_{d} 为检测站 d 单历元定位的三维位置参数修正量；A 和 B 为系数矩阵，其中 $\Delta l_{\mathrm{d}}^{n^j-1}$、$\Delta m_{\mathrm{d}}^{n^j-1}$ 和 $\Delta n_{\mathrm{d}}^{n^j-1}$ 为第 n^j-1 颗卫星观测值单差方向余弦系数；$\nabla\Delta N$ 为双差整周模糊度参数矩阵，其中 $\nabla\Delta N^{n^j-1}$ 为第 n^j-1 颗卫星观测值的双差整周模糊度参数；$\nabla\Delta L$ 为双差观测值常数矩阵，其中 $\nabla\Delta L^{n^j-1}$ 为第 n^j-1 颗卫星双差观测值常数。

根据式（3-35）可知，一旦 $\nabla\Delta N$（单历元双差整周模糊参数）快速确定，则由最小二乘参数估计原则 $V^{\mathrm{T}}PV = \min$ 可以获得如下检测结果：

$$\begin{cases} \delta\hat{X}_{\mathrm{d}} = -(A^{\mathrm{T}}PA)^{-1} \cdot A^{\mathrm{T}}P(B \cdot \nabla\Delta N + \nabla\Delta L) \\ \hat{X}_{\mathrm{d}} = X_{\mathrm{d}}^0 + \delta\hat{X}_{\mathrm{d}} \\ Q_{\hat{X}_{\mathrm{d}}} = Q_{\delta\hat{X}_{\mathrm{d}}} = (A^{\mathrm{T}}PA)^{-1} \end{cases} \tag{3-36}$$

式中，$\hat{X}_{\mathrm{d}}$、$Q_{\hat{X}_{\mathrm{d}}}$ 为检测站 d 单历元定位的参数估值及其协因数阵；X_{d}^0 为监测站 d 的待估参数初值；$\delta\hat{X}_{\mathrm{d}}$、$Q_{\delta\hat{X}_{\mathrm{d}}}$ 为检测站 d 单历元定位的位置参数改正数及其协因数阵；P 为单历元双差观测值的权矩阵，即：

$$P = \frac{1}{2} \cdot \frac{1}{\sigma^2} \cdot \frac{1}{n^j} \begin{bmatrix} n^j-1 & -1 & \cdots & -1 \\ -1 & n^j-1 & & -1 \\ \vdots & \vdots & \ddots & \vdots \\ -1 & -1 & \cdots & n^j-1 \end{bmatrix} \tag{3-37}$$

式中，σ 为载波相位观测量的单位权中误差。

根据本发明的技术方案，采用双频相关法和直接计算法的算法组合可以快速确定单历元双差整周模糊参数，具体算法流程步骤如下：

首先，对每个观测历元的导航卫星进行筛选分级处理，分为参考卫星、一级卫星和二级卫星。根据这种实施方式，将高度角最大的导航卫星确定为参考卫星，再依据导航卫星的高度角与方位角信息，筛选出空间几何分布最佳的5~7颗卫星确定为一级卫星，剩余的导航卫星确定为二级卫星。

然后，以参考卫星为基准星，构造一级卫星和二级卫星的双差观测值和双差整周模糊度参数。首先根据双频相关法单历元快速解算一级卫星双差整周模糊度参数，即可获得准确的一级卫星载波相位观测值，然后再根据最小二乘法原理，获得检测站坐标和点位中误

差，称为单历元局部解；再以单历元局部解作为检测站初始位置，根据直接计算法直接解算二级卫星或再解一级卫星的双差整周模糊度参数，实现单历元快速确定双差整周模糊度。

最后，利用最小二乘参数估计器计算塔顶的北向、东向及天顶向的位置检测结果。这可以采用本领域技术人员所知悉或未来知悉的任何具体方法步骤来实现。

塔式起重机塔顶位置卫星定位三维动态检测与分级预警装置方框图如图 3-7 所示。

根据图 3-7，塔式起重机塔顶位置卫星定位三维动态检测与分级预警装置包括：三维动态检测计算单元 21、检测参数确定单元 22、预警参数确定单元 23 和预警单元 24。其中，三维动态检测计算单元 21 从 GNSS 基准站和所述 GNSS 检测站接收高采样率的卫星定位数据，计算塔顶的北向、东向及天顶向的位置检测结果；检测参数确定单元 22 根据所述塔顶的北向、东向及天顶向的位置检

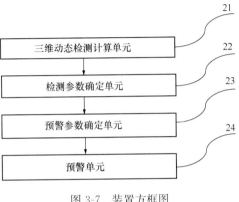

图 3-7　装置方框图

测结果，确定当前检测历元的塔顶三维动态检测参数。根据一种实施方式，所述塔式起重机塔顶的三维动态检测参数按下式确定：

$$\begin{cases} \Delta N_n = x_n - M_x, & \text{北向} \\ \Delta E_n = y_n - M_y, & \text{东向} \\ \Delta U_n = H_n - M_H, & \text{天顶向} \end{cases} \tag{3-38}$$

式中，$(\Delta N_n, \Delta E_n, \Delta U_n)$ 为建筑塔式起重机塔顶第 n 个历元的历元位置在北向、东向及天顶向的三维动态检测量，$n > 1$ 且为整数；(x_n, y_n, H_n) 为所述 GNSS 检测站的第 n 个检测历元的北向、东向及天顶向的三维检测结果；(M_x, M_y, M_H) 为所述建筑塔式起重机的塔基中心化参考值，可以按下述方法计算：

（1）当塔式起重机塔基中心位置的坐标为未知时，所述塔式起重机的塔基中心化参考值按下式计算：

$$\begin{cases} M_x = \dfrac{1}{n-1} \cdot \sum_{i=1}^{n-1} x_i \\ M_y = \dfrac{1}{n-1} \cdot \sum_{i=1}^{n-1} y_i \\ M_H = \dfrac{1}{n-1} \cdot \sum_{i=1}^{n-1} H_i \end{cases} \tag{3-39}$$

式中，(M_x, M_y, M_H) 为一种基于历史历元累积位移的北向、东向及天顶向的算术几何平均值。

（2）当塔式起重机塔基中心位置的坐标为已知时，所述塔式起重机的塔基中心化参考值按下式计算：

$$\begin{cases} M_x = x_o \\ M_y = y_o \\ M_H = H_o \end{cases} \tag{3-40}$$

式中，(x_o, y_o, H_o) 为塔式起重机塔基中心位置的北向、东向及天顶向坐标。

预警参数确定单元 23 根据所述 GNSS 检测站的标称检测精度，确定当前检测历元的预警参数。

预警单元 24 将所述检测历元的检测参数与所述预警参数进行比较而进行分级预警。预警参数确定单元 23 针对当前历元，计算多个预警参数，预警单元 24 将所述塔顶三维动态检测参数与所述预警参数分别进行比较并基于比较的结果进行分级预警，所述塔式起重机的塔顶预警参数按下式确定（当 $n \to \infty$）：

$$\begin{cases} \Delta N_{P_n} = \pm k \times \sqrt{\dfrac{n}{n-1}} \times \sqrt{a_{水平}^2 + (b_{水平} \cdot h)^2} \approx \pm k \times \sqrt{a_{水平}{}^2 + (b_{水平} \cdot h)^2}, 北向 \\ \Delta E_{P_n} = \pm k \times \sqrt{\dfrac{n}{n-1}} \times \sqrt{a_{水平}^2 + (b_{水平} \cdot h)^2} \approx \pm k \times \sqrt{a_{水平}^2 + (b_{水平} \cdot h)^2}, 东向 \\ \Delta U_{P_n} = \pm k \times \sqrt{\dfrac{n}{n-1}} \times \sqrt{a_{垂直}^2 + (b_{垂直} \cdot h)^2} \approx \pm k \times \sqrt{a_{垂直}^2 + (b_{垂直} \cdot h)^2}, 天顶向 \end{cases} \tag{3-41}$$

式中，ΔN_{P_n}、ΔE_{P_n} 和 ΔU_{P_n} 分别为塔式起重机塔顶三维动态检测的北向（North 向）预警参数、东向（East 向）预警参数和天顶向（Up 向）预警参数；a、b 分别为所述 GNSS 检测站的接收机的固定误差和比例误差；h 为建筑塔式起重机的塔身高度；k 为分级预警临界系数，包括 C 级预警提示系数 k_C、B 级预警告警系数 k_B 和 A 级预警应急系数 k_A。根据一种实施方式，所述 C 级预警提示系数以 2 或 3，即：

$$k_C = \begin{cases} 2, & 置信概率 = 95.45\% \\ 3, & 置信概率 = 99.37\% \end{cases} \tag{3-42}$$

式中，k_C 为所述 C 级预警提示系数。置信概率是用来衡量统计推断可靠程度的概率。当 $k_C = 2$ 时表示测量结果 95.45% 的概率可信；当 $k_C = 3$ 时表示测量结果 99.37% 的概率可信。采用 2 或 3 的值，可以以较高的概率克服因 GNSS 检测站的测量误差导致的误警，所述 B 级预警告警系数按下式确定：

$$k_B = \begin{cases} \left(\dfrac{25}{\sqrt{2} \times \sqrt{a_{水平}{}^2 + (b_{水平} \cdot h)^2}} \times 0.4\% \times m \right) \times 90\%, & 如果 \ 5\text{m} < h \leqslant 25\text{m} \\ \left(\dfrac{h}{\sqrt{2} \times \sqrt{a_{水平}{}^2 + (b_{水平} \cdot h)^2}} \times 0.4\% \times m \right) \times 90\%, & 如果 \ h > 25\text{m} \end{cases} \tag{3-43}$$

式中，k_B 为所述 B 级预警告警系数；a、b 分别为所述 GNSS 检测站的接收机的固定误差和比例误差；h 为建筑塔式起重机的塔身高度；m 为所述塔式起重机的塔身垂直度系数，$m = 0.5 \sim 2$。

所述 A 级预警应急系数按下式确定：

$$k_{A} = \begin{cases} \dfrac{25}{\sqrt{2} \times \sqrt{a_{水平}^2 + (b_{水平} \cdot h)^2}} \times 0.4\% \times m, & \text{如果 } 5\text{m} < h \leqslant 25\text{m} \\[4mm] \dfrac{h}{\sqrt{2} \times \sqrt{a_{水平}^2 + (b_{水平} \cdot h)^2}} \times 0.4\% \times m, & \text{如果 } h > 25\text{m} \end{cases} \tag{3-44}$$

式中，k_A 为所述 A 级预警应急系数；a、b 分别为所述 GNSS 检测站的接收机的固定误差和比例误差；h 为建筑塔式起重机的塔身高度；m 为所述塔式起重机的塔身垂直度系数，$m = 0.5 \sim 2$。

预警单元 24 可以包括比较单元和提醒单元。比较单元用于将所述检测历元的检测参数与所述预警参数进行比较，并确定是否预警，以及预警的级别，是 A 级、B 级还是 C 级，分别对应于采用的各级预警应急系数所得的预警参数。提醒单元进行分级预警。提醒单元可以为能够发出不同强度的光、声等的各种装置，也可以是能够向远程发送预警消息的有线或无线单元，例如通过微信、短信、预录音电话等通知远处的维修人员和作业负责人、安全负责人等。根据本发明，计算每个当前历元的应急预警参数，而不是使用一成不变的应急预警参数，使得预警的结果更加准确；在计算中使用 GNSS 检测站的标称检测精度和塔身高度，进一步使预警结果更加准确；可以采用多级预警，各级预警参数计算简单、快捷，并能够实现分级预警，使得对塔身安全的管理更加科学有效。本发明的各个单元可以由硬件实现，也可以由软件配合硬件来实现。

3.3.4　权利要求书

塔式起重机塔顶位置卫星三维动态检测与分级预警装置涉及一项授权的国家发明专利技术：建筑塔式起重机塔顶三维动态检测与分级预警装置（ZL202010142144.6）。其中，主张保护的权利要求项如下（周命端等，2020）：

（1）一种建筑塔式起重机 GNSS 塔顶位置三维动态检测与分级预警装置，用于建筑塔式起重机系统，所述建筑塔式起重机系统包括建筑塔式起重机的塔身、位于所述塔身顶部的 GNSS 检测站、位于施工现场的 GNSS 基准站，所述装置包括：三维动态检测计算单元，从所述 GNSS 基准站和所述 GNSS 检测站接收卫星定位数据，计算塔顶的北向、东向及天顶向的位置检测结果；检测参数确定单元，根据所述塔顶的北向、东向及天顶向的位置检测结果，确定当前检测历元的塔顶三维动态检测参数；预警参数确定单元，根据所述 GNSS 检测站的标称检测精度，确定当前检测历元的预警参数；预警单元，将所述塔顶三维动态检测参数与所述预警参数进行比较并根据比较结果确定进行预警，其中，所述预警参数确定单元针对当前历元，计算多个预警参数，所述预警单元将所述塔顶三维动态检测参数与所述预警参数分别进行比较并基于比较的结果进行分级预警，其中，当 $n \to \infty$ 时，所述塔式起重机塔顶的预警参数见式（3-41），所述 B 级预警告警系数见式（3-43）。

（2）根据权利要求（1）所述的建筑塔式起重机塔顶三维动态检测与分级预警装置，其特征在于，所述三维动态检测计算单元如下地确定塔顶的北向、东向及天顶向的位置检测结果：对各观测历元的导航卫星进行筛选分级处理，分为参考卫星、一级卫星和二级卫星，将高度角最大的导航卫星确定为参考卫星，再依据卫星的高度角与方位角信息，筛选出空间几何分布最佳的预定数量的导航卫星确定为一级卫星，将剩余的导航卫星确定为二级卫星；以参考卫星为基准星，根据双频相关法单历元快速解算一级卫星的双差整周模糊度参数，再根据最小二乘法原理，获得检测站坐标和点位中误差，称为单历元局部解；再以单历元局部解作为检测站初始位置，根据直接计算法直接解算二级卫星的双差整周模糊度参数，从而确定双差整周模糊度；根据双差整周模糊度，利用最小二乘参数估计器计算塔顶的北向、东向及天顶向的位置检测结果。

（3）根据权利要求（1）所述的建筑塔式起重机塔顶三维动态检测与分级预警装置，其特征在于，所述塔顶三维动态检测参数按式（3-38）～式（3-40）确定。

（4）根据权利要求（1）所述的建筑塔式起重机塔顶三维动态检测与分级预警装置，其特征在于，所述 C 级预警提示系数为 2 或 3，见式（3-42）。

（5）根据权利要求（1）所述的建筑塔式起重机塔顶三维动态检测与分级预警装置，其特征在于，所述 A 级预警应急系数见式（3-44）。

3.3.5　本节小结

随着塔式起重机塔身高度的不断增加，如果塔身出现较大的倾斜，则可能造成重大的安全事故。因而，实时准确地对塔式起重机塔身倾斜进行智能三维动态检测与分级预警，对于确保塔式起重机安全运行状态智能监控具有重大的现实意义和实用价值。本节提出了一种塔式起重机塔顶位置卫星定位三维动态检测与分级预警装置，用于塔式起重机卫星定位智能监控系统中。值得说明的是，本节涉及的重要技术申请了国家发明专利并获得授权证书（ZL202010142144.6）。

3.4　臂尖卫星定位动态监测方法和系统

本节提出了一种基于卫星定位的塔式起重机臂尖动态监测方法和系统，尤其涉及塔式起重机及其健康监测预警的技术领域。

3.4.1　背景技术

塔式起重机偶有安全事故发生，一旦发生安全事故就会造成较大的损失，有些安全事故是因为外力造成的，例如飓风、碰撞等，有些安全事故是塔式起重机自身坍塌、吊臂断裂等造成的。因而对塔式起重机进行健康监测并预警非常重要。在此之前，本技术的发明人已经提出了一种技术方案（ZL201711234776.X），通过移动车上的 GNSS 接收机来监测移动小车高程的变化，从而可以获知横臂的变形情况，预防横臂变形引起的建筑塔式起重机断臂（周命端等，2017）。但是在该技术方案中，GNSS 设置在移动小车上，使得移动小车的结构变得复杂。

3.4.2　发明内容

本节提供了一种基于卫星定位的建筑塔式起重机臂尖监测系统，包括：

（1）监测参数获取单元，用于获取建筑塔式起重机臂尖处的监测站测得的各监测历元的北向坐标、东向坐标；

（2）水平臂长确定单元，用于根据所述监测参数获取单元获得的各监测历元的北向坐标、东向坐标，确定建筑塔式起重机塔臂水平长度；

（3）水平臂长偏差量确定单元，确定水平臂长偏差量；

（4）预警单元，在水平臂长偏差量大于预警阈值时进行预警提示。所述水平臂长偏差量确定单元按下式确定：

$$\Delta l_n = l_n - M_l \tag{3-45}$$

式中，Δl_n 为建筑塔式（3-45）起重机臂尖在第 n 个监测历元的历元位移在臂长水平向的偏差量，$n > 1$ 且为整数，M_l 为一种基于历史历元累积位移的水平臂长的算术平均值，M_l 按下式计算：

$$M_l = \frac{1}{n-1} \cdot \sum_{i=1}^{n-1} l_i \tag{3-46}$$

式中，l_n 为第 n 个监测历元建筑塔式起重机塔臂的水平臂长，其按下式计算：

$$l_n = \sqrt{(x_n - x_0)^2 + (y_n - y_0)^2} \tag{3-47}$$

式中，(x_0, y_0) 为建筑塔式起重机塔身主体结构的中心平面位置，(x_n, y_n) 为第 n 个监测历元的北向坐标、东向坐标。

所述预警阈值按下式确定：

$$\Delta l_n^P = \pm k \times \sqrt{\frac{n}{n-1}} \times \sqrt{2} \times \sqrt{a_{水平}^2 + (b_{水平} \times l_n)^2} \tag{3-48}$$

水平臂长方向，当 $n \to \infty$ 时，所述预警阈值为：

$$\Delta l_n^P = \pm k \times \sqrt{2} \times \sqrt{a_{水平}^2 + (b_{水平} \times l_n)^2} \tag{3-49}$$

式中，a 水平、b 水平分别为所述监测站的接收机的平面定位的固定误差和比例误差；l_n 为第 n 个监测历元的建筑塔式起重机的塔臂水平臂长；k 为预警临界系数，k 在 2～5 之间，可以取 5；Δl_n^P 为塔臂动态监测水平臂长预警参数；当水平臂长偏差量 $\Delta l_n > \Delta l_n^P$ 时，则进行建筑塔式起重机臂尖动态监测预警提示。

所述臂尖包括建筑塔式起重机的吊装臂的臂尖或/和建筑塔式起重机的平衡臂的臂尖。所述系统用于建筑塔式起重机，所述建筑塔式起重机包括塔身、塔臂，所述系统还包括设置在所述建筑塔式起重机的臂尖上的 GNSS 监测站，所述监测参数获取单元从所述 GNSS 监测站获取在所述建筑塔式起重机的臂尖处的监测站测得的各监测历元的北向坐标、东向坐标。所述系统还包括 GNSS 基准站，所述 GNSS 基准站向所述监测站提供 GNSS 卫星差分改正信号。

提供了一种基于卫星定位的建筑塔式起重机臂尖监测方法，包括：监测参数获取步骤，用于获取建筑塔式起重机的臂尖处的监测站测得的各监测历元的北向坐标、东向坐标；水平臂长确定步骤，用于根据所述监测参数获取步骤获得的各监测历元的北向坐标、东向坐标，确定建筑塔式起重机的水平臂长；水平臂长偏差量确定步骤，确定水平臂长偏差量；预警步骤，在水平臂长偏差量大于预警阈值时进行预警提示。所述水平臂长偏差量确定步骤按式（3-45）确定。

M_l 为一种基于历史历元累积位移的水平臂长的算术平均值，M_l 按式（3-46）计算。

l_n 为第 n 个监测历元的建筑塔式起重机的塔臂水平臂长，按式（3-47）计算。

所述预警阈值按式（3-48）确定。

水平臂长方向，当 $n \to \infty$ 时所述预警阈值按式（3-49）确定。

依据本发明的技术方案，能够降低移动小车处的复杂度，提高建筑施工作业的安全性。

3.4.3 具体实施方式

一种建筑塔式起重机横臂臂尖卫星定位动态监测方法及系统示意图如图 3-8 所示。

由图 3-8 所示，应用本发明的建筑塔式起重机包括塔身 14、塔臂 13，在塔臂的臂尖安装有 GNSS 监测站（GNSS 流动站，Rover Station）12，该监测站 12 包括接收机（GNSS 接收机），可以和地面设置的 GNSS 基准站（Base Station）11 通信。GNSS 基准站 11 可以架设在视野开阔、遮挡少的地方。基准站和监测站通过对卫星进行定位，而可以自身定位。该监测站 12 如何接收卫星信号、如何与基准站 11 进行交互、如何接收和使用 GNSS 卫星差分改正信号可以采用本领域所知的任何方法实现，在此不予赘述。

一种基于卫星定位的建筑塔式起重机臂尖动态监测方法及系统流程图如图 3-9 所示。

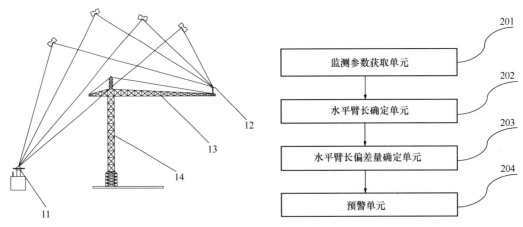

图 3-8　横臂臂尖动态监测方法及系统示意图
11—GNSS 基准站；12—臂尖 GNSS 监测站；
13—塔臂；14—塔身

图 3-9　塔臂臂尖动态监测方法及系统流程图

根据图 3-9 所示，基于卫星定位的建筑塔式起重机臂尖动态监测系统包括监测参数获取单元 201、水平臂长确定单元 202、水平臂长偏差量确定单元 203 以及预警单元 204。其中：

（1）监测参数获取单元 201 用于获取监测站 12 测得的各监测历元的北向坐标、东向坐标。可以从监测站 12 处通过无线连接而获取这些北向坐标、东向坐标。可以同时获得天顶向坐标。可以在未吊装时进行塔臂旋转而获得各监测历元的北向坐标、东向坐标。塔臂旋转期间可以为至少一个正向旋转期间以及至少一个逆向旋转期间。可以在一个方向旋转之后再向相反方向旋转。这样的方式能够在未吊装的状态进行一定程度的健康检查。

（2）水平臂长确定单元 202 用于根据监测参数获取单元 201 获得的各监测历元的北向坐标以及东向坐标，确定建筑塔式起重机塔臂水平长度。具体地，假设接收机的第 n 个监测历元的北向、东向坐标及天顶向高程用 (x_n, y_n, H_n) 表示，则建筑塔式起重机塔臂水平长度见式（3-47）。

（3）水平臂长偏差量确定单元 203 确定水平臂长偏差量，即当前历元塔臂的水平臂长长度与历史历元累积的塔臂水平臂长的算术平均的差值。具体见式（3-45）。M_l 表示为一种基于历史历元累积位移的水平臂长的算术平均值，见式（3-46）。

（4）预警单元 204 在水平臂长偏差量大于预警阈值时进行报警，该预警阈值见式（3-48）。当 $n \to \infty$ 时，预警阈值见式（3-49）。

根据本发明的技术方案，可以在进行吊物工作之前就进行塔臂健康的检测，能够更好地应对因塔臂健康造成的各种风险。

一种基于卫星定位的建筑塔式起重机臂尖动态监测预警方法步骤如图 3-10 所示。

根据图 3-10，基于卫星定位的建筑塔式起重机塔臂臂尖动态监测预警方法步骤如下：

首先，在监测参数获取步骤 501 获取塔臂旋转期间塔臂臂尖处的监测站测得的各监测历元的北向坐标、东向坐标；然后，在水平臂长确定步骤 502，根据所述监测参数获取步骤获得的各历元的北向坐标、东向坐标，确定建筑塔式起重机塔臂水平长度；接着，在水平臂长偏差量确定步骤 503，确定水平臂长偏差量；以及在预警步骤 504，在水平臂长偏差量大于预警阈

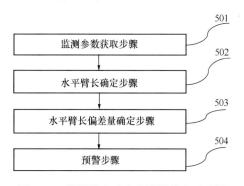

图 3-10　塔臂臂尖动态监测预警方法步骤

值时进行预警。根据一种实施方式，塔臂旋转期间为至少一个正向旋转期间以及至少一个逆向旋转期间。优选地是在一个方向旋转之后在向相反方向旋转。这样的方式能够使检测的结果更加可信。该水平臂长偏差量确定步骤 502 按式（3-45）确定水平臂长偏差量。

M_l 表示为一种基于历史历元累积位移的水平臂长的算术平均值，见式（3-46）。

l_n 表示为第 n 个监测历元的建筑塔式起重机的塔臂水平臂长，见式（3-47）。

预警阈值按式（3-48）确定。

水平臂长方向，当 $n \to \infty$ 时，预警阈值见式（3-49）。

根据本发明的技术方案，具有突出的技术特点：

（1）可以在进行吊装时实时对塔臂的健康情况进行监督和报警。

（2）可以在吊装之前先使塔臂进行正反方向的旋转，并在旋转的过程中，检测各历元的臂尖的北向和东向坐标，确定塔臂的水平臂长，并确定臂长的变化量是否已经超出预定值，在超出预定阈值的情况下，进行预警。

（3）该方法使用了正转和反转两个方向的转动，利用了转动过程中水平臂长的变化量的特殊规律，从而起到了好的预警效果。

3.4.4 权利要求书

塔臂臂尖端卫星定位动态监测方法及系统涉及一项授权的国家发明专利技术：基于卫星定位的建筑塔式起重机臂尖监测方法及系统（ZL201911275713.8）。其中，主张保护的权利要求项如下（周命端等，2019）：

（1）一种基于卫星定位的建筑塔式起重机臂尖监测系统，包括：监测参数获取单元，用于获取建筑塔式起重机臂尖处的监测站测得的各监测历元的北向坐标、东向坐标；水平臂长确定单元，用于根据所述监测参数获取单元获得的各监测历元的北向坐标、东向坐标，确定建筑塔式起重机塔臂水平臂长；水平臂长偏差量确定单元，确定水平臂长偏差量；预警单元，在水平臂长偏差量大于预警阈值时进行预警提示，其中，所述预警阈值按式（3-48）确定。

水平臂长方向，当 $n \rightarrow \infty$ 时，预警阈值见式（3-49）。

（2）根据权利要求（1）所述的基于卫星定位的建筑塔式起重机臂尖监测系统，其特征在于，所述水平臂长偏差量确定单元按式（3-45）确定水平臂长长度偏差量。

M_l 表示为一种基于历史历元累积位移的水平臂长的算术平均值，见式（3-46）

l_n 表示为第 n 个监测历元建筑塔式起重机塔臂的水平臂长，见式（3-47）。

（3）根据权利要求（1）所述的基于卫星定位的建筑塔式起重机臂尖监测系统，其特征在于，所述臂尖包括建筑塔式起重机的吊装臂的臂尖或/和建筑塔式起重机的平衡臂的臂尖。

（4）根据权利要求（1）所述的基于卫星定位的建筑塔式起重机臂尖监测系统，其特征在于，所述系统用于建筑塔式起重机，所述建筑塔式起重机包括塔身、塔臂，所述系统还包括设置在所述建筑塔式起重机的臂尖上的 GNSS 监测站，所述监测参数获取单元从所述 GNSS 监测站获取在所述建筑塔式起重机的臂尖处的监测站测得的各监测历元的北向坐标、东向坐标。

（5）根据权利要求（1）所述的基于卫星定位的建筑塔式起重机臂尖监测系统，其特征在于，所述系统还包括 GNSS 基准站，所述 GNSS 基准站向所述监测站提供 GNSS 卫星差分改正信号。

（6）一种基于卫星定位的建筑塔式起重机臂尖监测方法，包括：监测参数获取步骤，用于获取建筑塔式起重机的臂尖处的监测站测得的各监测历元的北向坐标、东向坐标；水平臂长确定步骤，用于根据所述监测参数获取步骤获得的各监测历元的北向坐标、东向坐标，确定建筑塔式起重机的水平臂长；水平臂长偏差量确定步骤，确定水平臂长偏差量；预警步骤，在水平臂长偏差量大于预警阈值时进行预警提示，其中，所述预警阈值按式（3-48）确定。

水平臂长方向，当 $n \rightarrow \infty$ 时，预警阈值见式（3-49）。

（7）根据权利要求（6）所述的基于卫星定位的建筑塔式起重机臂尖监测方法，其特征在于，所述水平臂长偏差量确定步骤按式（3-45）确定水平臂长偏差量。

M_l 表示为一种基于历史历元累积位移的水平臂长的算术平均值，见式（3-46）

l_n 表示为第 n 个监测历元的建筑塔式起重机的塔臂水平臂长，见式（3-47）。

（8）根据权利要求（6）所述的基于卫星定位的建筑塔式起重机臂尖监测方法，其特征在于，所述监测参数获取步骤获取建筑塔式起重机在塔臂旋转期间所述监测站测得的各监测历元的北向坐标、东向坐标，所述塔臂旋转期间为至少一个正向旋转期间以及至少一个逆向旋转期间，在一个方向旋转之后再向相反方向旋转。

3.4.5　本节小结

塔式起重机一旦发生安全事故就会造成较大的损失，有些安全事故是因为外力造成的，例如飓风、碰撞等，有些安全事故是塔式起重机自身坍塌、吊臂断裂等造成的。因而对塔式起重机进行健康监测并预警非常重要。本节提出了一种塔臂臂尖卫星定位动态监测方法和系统。值得说明的是，本节涉及的重要技术申请了国家发明专利并获得授权证书（ZL201911275713.8）。

3.5　横臂位置精准定位可靠性验证方法

本节提出了一种横臂位置精准定位可靠性验证方法，涉及建筑塔式起重机技术领域，尤其涉及建筑塔式起重机横臂位置精准定位可靠性验证的技术。

3.5.1　背景技术

为避免碰撞或者检测塔身的健康状况，有时需要使用 GNSS 接收机对横臂的端部所在的位置进行测量。目前，一方面，对于横臂位置定位精度要求越来越高，另一方面，对于定位可靠性也要求越来越高，其目的是实现建筑塔式起重机横臂位置精准定位。目前，都是假定 GNSS 的测量结果是精确的，缺乏对 GNSS 测量结果的可靠性进行验证的环节，这使得基于卫星定位的吊装作业施工过程存在潜在的风险。

3.5.2　发明内容

本节提供了一种建筑塔式起重机横臂位置精准定位可靠性验证方法，所述横臂位置利用建筑塔式起重机横臂端部上的 GNSS 接收机的定位数据确定，其特征在于，所述方法包括：

（1）接收所述 GNSS 接收机的定位数据；

（2）确定建筑塔式起重机当前的运动状态；

（3）根据建筑塔式起重机当前的运动状态，确定可靠性验证约束条件，所述可靠性验证约束条件依据建筑塔式起重机的运动状态的空间运动规律确定；

（4）根据所述可靠性验证约束条件，建立可靠性验证判定模型；

（5）确定 GNSS 接收机测量结果的可靠性。

根据一种实施方式，所述建筑塔式起重机当前的运动状态为以下状态中的一种：

（1）建筑塔式起重机的横臂不摆臂。针对建筑塔式起重机横臂不摆臂的运动状态，可靠性验证约束条件确定为条件方程式：

$$\begin{cases} Y_n = \tan\alpha \cdot X_n + D \\ C \cdot H_n + A - \tilde{h} = 0 \end{cases} \tag{3-50}$$

（2）建筑塔式起重机的横臂摆臂。针对建筑塔式起重机横臂摆臂的运动状态，可靠性验证约束条件确定为条件方程式：

$$\begin{cases} X_n^2 + Y_n^2 = R^2 \\ C \cdot H_n + A - \tilde{h} = 0 \end{cases} \tag{3-51}$$

式中，$\tilde{h}$ 为横臂高度，H_n 为依据 GNSS 接收机测得的第 n 个历元时刻的高程位置数据所换算得到的横臂的实际高度，α 为建筑塔式起重机横臂摆臂的坐标方位角，(X_n, Y_n) 为依据 GNSS 接收机测得的第 n 个历元时刻的平面位置数据所换算得到的站心坐标系下的平面位置数据，D 为直线方程的斜距，为一常数，由建筑塔式起重机物理构造与 GNSS 接收机安装位置确定，C 为横臂高度修正乘系数，$C = 0.9999 \sim 1.0001$，A 为横臂高度修正加系数，按下式确定：

$$A = -\tan(i) \times R \tag{3-52}$$

式中，i 为横臂的微小竖向倾角，正值为仰角，负值为俯角，可由高精度灵敏传感器装置测量获得，R 为 GNSS 接收机距离塔身与横臂的连接处的横臂长度。

根据本发明的方法，由于用于确定横臂位置的 GNSS 接收机测量结果的可靠性得到验证，可以剔除不可靠的结果，因而可以确保横臂端部位置定位更加可靠精准。

3.5.3 具体实施方式

现在有一种方法利用安装在建筑塔式起重机横臂端部上的 GNSS 接收机的定位数据来确定横臂端部的位置，但是目前的方法均假定其测量结果是准确的，这可能与实际情况不符。本发明针对这种情况，进一步确定 GNSS 接收机的定位可靠性，从而使得横臂位置的确定更有保证。

建筑塔式起重机横臂位置定位可靠性验证方法的算法流程图如图 3-11 所示。

由图 3-11 可知，建筑塔式起重机横臂位置定位可靠性验证方法的算法流程步骤包括：

（1）在步骤 S101，接收安装在建筑塔式起重机横臂端部位置上的 GNSS 接收机的定位数据，定位数据是经 GNSS 实时精密定位技术（例如 GNSS RTK 技术）处理后获得的并通过数据通信链播发的历元时刻 t、平面位置数据（X_t, Y_t）、

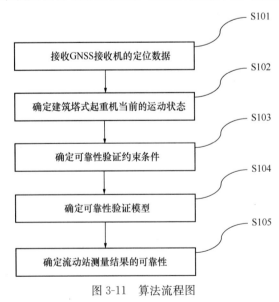

图 3-11 算法流程图

流程图内容：
- S101 接收GNSS接收机的定位数据
- S102 确定建筑塔式起重机当前的运动状态
- S103 确定可靠性验证约束条件
- S104 确定可靠性验证模型
- S105 确定流动站测量结果的可靠性

高程位置数据 H_t 以及定位精度信息。其中，建筑塔式起重机示意图如图 3-12 所示。

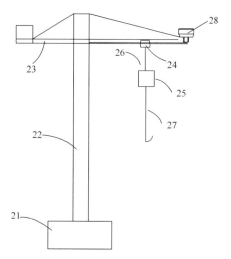

图 3-12　建筑塔式起重机示意图
21—固定装置（塔基）；22—立柱（塔身）；
23—塔臂；24—移动小车；25—动滑轮；
26—第一吊绳段；27—第二吊绳段；
28—GNSS 流动站

由图 3-12 可知，建筑塔式起重机包括固定装置 21、立柱（塔身）22、塔臂 23、移动小车 24、动滑轮 25、第一吊绳段 26、第二吊绳段 27 以及 GNSS 流动站（也称 GNSS 移动站）28。GNSS 流动站 28 设置在塔臂 23 的端部。移动小车 24 上还设置有定滑轮。

（2）在步骤 S102，确定建筑塔式起重机当前的运动状态。根据一种实施方式，将建筑塔式起重机的运动状态分为两种：①塔式起重机不摆臂；②塔式起重机摆臂。其中，可以通过建筑塔式起重机驾驶员操作手柄的状态来确定建筑塔式起重机吊装作业的运动状态。

（3）在步骤 S103，根据建筑塔式起重机当前的运动状态，确定可靠性验证约束条件。

1）针对塔式起重机不摆臂的情况，鉴于横臂高度 $\tilde{h}$ 保持不变，可以基于 $\tilde{h}$ 几何约束条件，构造横臂高程几何约束的条件方程式：$C \cdot H_n + A - \tilde{h} = 0$，其中，$\tilde{h}$ 为横臂高度，H_n 为依据 GNSS 接收机测得的第 n 个历元时刻的高程位置数据所换算得到的横臂的实际高度，C 为横臂高度修正乘系数，$C = 0.9999 \sim 1.0001$，A 为横臂高度修正加系数，可以按下式确定：

$$A = - \tan(i) \times R \tag{3-53}$$

式中，i 为横臂的微小竖向倾角，正值为仰角，负值为俯角，可由高精度灵敏传感器装置测量获得，R 为 GNSS 接收机距离塔身与横臂的连接处的横臂长度。

2）针对塔式起重机摆臂的运动状态，GNSS 接收机运动状态是一条以塔身为圆心的圆周轨迹，构造圆周轨迹几何约束的条件方程式：

$$\begin{cases} X_n^2 + Y_n^2 = R^2 \\ C \cdot H_n + A - \tilde{h} = 0 \end{cases} \tag{3-54}$$

（4）在步骤 S104，根据约束条件，根据建筑塔式起重机当前的运动状态以及对应的可靠性验证约束条件，建立可靠性验证判定模型。

值得说明的是，步骤 S103 并不一定需要给出具体的约束条件。约束条件可以仅仅是对约束模型的指示。步骤 S103 和 S104 可以合并为一个步骤，并最终给出判定模型，这些都在本发明的保护范围之内。也就是说，尽管分为两个步骤进行描述，但是包括了这些情况。

根据建筑塔式起重机吊装运行行为以及建筑塔式起重机状态传感器数据（例如测量建筑塔式起重机横臂摆臂的坐标方位角的角度传感器），将精准定位可靠性判定构成一个基于临界阈值预警的算法准则：

1）针对横臂摆动且移动小车变幅的运动状态，构造高程几何约束的可靠性临界条件式（可靠性判定模型）：

$$| C \cdot H_n + A - \tilde{h} | < \xi \tag{3-55}$$

2）对建筑塔式起重机摆臂的运动状态，构造圆周轨迹几何约束的可靠性临界条件式（可靠性判定模型）：

$$\begin{cases} \left| \dfrac{X_n^2 + Y_n^2}{X_{n-1}^2 + Y_{n-1}^2} - 1 \right| < \mu \\ | C \cdot H_n + A - \tilde{h} | < \xi \end{cases} \tag{3-56}$$

利用式（3-59）、式（3-60）使得对于可靠性的判定具有一定的弹性，避免横臂的竖向倾角测量的偶然误差等导致不必要的错误报警。利用上一历元定位结果与当前历元定位结果进行了可靠性验证的判定，使用的数据简单，准确性高。

值得注意的是，合理地确定阈值参数 ξ 和 μ 是非常重要的，所确定的参数必须是保守的，它能够保证所有"纳伪"位置感知历元都被丢弃。按下述主法确定这两个参数的值。

1）阈值参数 ξ 按下式确定：

$$\xi = 3 \cdot \sqrt{a_v^2 + (b_v \times H)^2} \tag{3-57}$$

式中，a_v，b_v 分别为所述 GNSS 接收机的竖直测量的固定误差和比例误差；H 为建筑塔式起重机的塔身高度。

2）所述阈值参数 μ 按下式确定：

$$\mu = 3 \cdot \sqrt{a_h^2 + (b_h \times L)^2} \tag{3-58}$$

式中，a_h，b_h 分别为所述 GNSS 流动站接收机的平面测量的固定误差和比例误差；L 为建筑塔式起重机塔身位置与 GNSS 基准站位置之间的距离。

在本发明的实施方式中，值得说明的是：

1）阈值参数 ξ：采用塔身高度 H 代替 GNSS 流动站与 GNSS 基准站之间的基线长度，考虑了 GNSS 接收机的竖直测量的固定误差和比例误差；

2）阈值参数 μ：采用塔身与 GNSS 基准站之间的距离 L 代替 GNSS 流动站与 GNSS 基准站之间的基线长度，且考虑了 GNSS 接收机的平面测量的固定误差和比例误差。

相比传统方法，本节采用的方法将动态参数变成了静态参数，因而确定的阈值参数更为保守，能够保证"纳伪"位置感知历元被丢弃。

（5）在步骤 S105，根据上述的可靠性判定模型，确定 GNSS 流动站测量结果的可靠性。例如在实际应用中，如果定位数据中的高程数据不能满足 $| C \cdot H_n + A - \tilde{h} | < \xi$，则表明其测量结果有误。可根据所确定的可靠性判定模型来确定 GNSS 流动站定位结果的可靠性，在确定不可靠时，可以舍弃该历元时刻的定位数据，暂时不进行横臂位置的计算，或者进行报警，确保 GNSS 流动站定位结果更加可靠精准。

3.5.4 权利要求书

本节提出的横臂位置精准定位可靠性验证方法涉及其中一项获得国家授权的发明专利技术：一种建筑塔机横臂位置精准定位可靠性验证方法（ZL201910781843.2）。其中，该项发明专利技术主张保护的权利要求项如下（周命端等，2019）：

（1）一种建筑塔式起重机横臂位置精准定位可靠性验证方法，所述横臂位置利用建筑塔式起重机横臂端部上的 GNSS 接收机的定位数据确定，其特征在于，所述方法包括：接收所述 GNSS 接收机的定位数据；确定建筑塔式起重机当前的运动状态；根据建筑塔式起重机当前的运动状态，确定可靠性验证约束条件，所述可靠性验证约束条件依据建筑塔式起重机的运动状态的空间运动规律确定；根据所述可靠性验证约束条件，建立可靠性验证判定模型；以及确定所述 GNSS 接收机测量结果的可靠性。其中，所述建筑塔式起重机当前的运动状态为以下状态中的一种：①建筑塔式起重机的横臂不摆臂；②建筑塔式起重机的横臂摆臂。

针对建筑塔式起重机横臂不摆臂的运动状态，可靠性验证约束条件确定为条件方程式：

$$\begin{cases} Y_n = \tan\alpha \cdot X_n + D \\ C \cdot H_n + A - \tilde{h} = 0 \end{cases} \tag{3-59}$$

针对建筑塔式起重机横臂摆臂的运动状态，可靠性验证约束条件确定为条件方程式：

$$\begin{cases} X_n^2 + Y_n^2 = R^2 \\ C \cdot H_n + A - \tilde{h} = 0 \end{cases} \tag{3-60}$$

式中，$\tilde{h}$ 为横臂高度，H_n 为依据 GNSS 接收机测得的第 n 个历元时刻的高程位置数据所换算得到的横臂的实际高度，α 为建筑塔式起重机横臂摆臂的坐标方位角，(X_n, Y_n) 为依据 GNSS 接收机测得的第 n 个历元时刻的平面位置数据所换算得到的站心坐标系下的平面位置数据，D 为直线方程的斜距，为一常数，由建筑塔式起重机物理构造与 GNSS 接收机安装位置确定，C 为横臂高度修正乘系数，$C = 0.9999 \sim 1.0001$，A 为横臂高度修正加系数，按下式确定：

$$A = -\tan(i) \times R \tag{3-61}$$

式中，i 为横臂的微小竖向倾角，正值为仰角，负值为俯角，由高精度灵敏传感器装置测量获得，R 为 GNSS 接收机所在位置距离塔身与横臂的连接处的横臂长度。

（2）根据权利要求（1）所述的建筑塔式起重机横臂位置精准定位可靠性验证方法，其特征在于：

针对建筑塔式起重机横臂摆臂的运动状态，建立可靠性验证判定模型为临界条件式：

$$\begin{cases} \left| \dfrac{X_n^2 + Y_n^2}{X_{n-1}^2 + Y_{n-1}^2} - 1 \right| < \mu \\ \left| C \cdot H_n + A - \tilde{h} \right| < \xi \end{cases} \tag{3-62}$$

式中，ξ 和 μ 为临界条件式的阈值参数，$\tilde{h}$ 为横臂高度，H_n 为依据 GNSS 接收机测得的第 n 个历元时刻的高程位置数据所换算得到的横臂的实际高度，(X_n, Y_n) 为依据 GNSS 接收机测得的第 n 个历元时刻的平面位置数据所换算得到的站心坐标系下的平面位置数据，(X_{n-1}, Y_{n-1}) 为依据 GNSS 接收机测得的第 $n-1$ 个历元时刻的平面位置数据所换算得到的站心坐标系下的平面位置数据，C 为横臂高度修正乘系数，$C = 0.9999 \sim 1.0001$，A 为横臂高度修正加系数，按下式确定：

$$A = -\tan(i) \times R \qquad (3-63)$$

式中，i 为横臂的微小竖向倾角，正值为仰角，负值为俯角，R 为 GNSS 接收机所在位置距离塔身与横臂的连接处的横臂长度。

（3）根据权利要求（2）所述的建筑塔式起重机横臂位置精准定位可靠性验证方法，其特征在于，所述阈值参数 ξ 按下式确定：

$$\xi = 3 \cdot \sqrt{a_v^2 + (b_v \times H)^2} \qquad (3-64)$$

式中，a_v，b_v 分别为所述 GNSS 接收机的竖直测量的固定误差和比例误差，H 为建筑塔式起重机的塔身高度。

3.5.5 本节小结

目前对于横臂位置定位精度要求越来越高，另一方面，对于定位可靠性也要求越来越高，其目的是实现建筑塔式起重机横臂位置精准定位。本节提出了一种建筑塔式起重机横臂位置精准定位可靠性验证方法，所述横臂位置利用建筑塔式起重机横臂端部上的 GNSS 接收机的定位数据确定。根据本发明的方法，由于用于确定横臂位置的 GNSS 接收机测量结果的可靠得到验证，可以剔除不可靠的结果，因而可以确保横臂端部位置定位更加可靠精准。值得说明的是，本节涉及的重要技术申请了国家发明专利并获得授权证书（ZL201910781843.2 和 ZL202110635349.2）。

3.6 吊钩位置卫星定位方法及系统

本节提出了一种基于卫星定位的建筑塔式起重机吊钩定位技术，尤其涉及将北斗/GNSS 测量型接收机应用于建筑塔式起重机吊钩定位领域。

3.6.1 背景技术

在建筑塔式起重机进行吊装作业的过程中，准确确定吊钩位置对于完成建筑塔式起重机吊装定点放样任务具有重要意义。通过在吊钩以上的位置处安装定位装置来实现，无法直接安装在吊钩上，若将定位装置直接安装在吊钩上，则不仅影响建筑塔式起重机吊装作业，而且在吊装作业的过程中容易将定位装置损坏。若吊钩受到碰撞或者风吹的影响发生摆动，而且在有些地点无法进行测量时，现有的定位装置无法准确测量吊钩位置。

3.6.2 发明内容

本节提供了一种基于卫星定位的建筑塔式起重机吊钩定位方法，包括：动滑轮、建筑塔式起重机吊钩以及用于连接所述动滑轮和所述建筑塔式起重机吊钩的吊绳段,所述动滑轮外罩设有支撑架,所述 GNSS 流动站设置于所述支撑架顶部,所述方法包括:

(1) 步骤 S1:根据 GNSS 流动站自身采集的导航卫星观测值计算所述 GNSS 流动站的天线相位中心三维空间坐标;

(2) 步骤 S2:根据所述 GNSS 流动站的天线相位中心三维空间坐标计算得到所述建筑塔式起重机吊钩上方的所述动滑轮中心的三维空间坐标;

(3) 步骤 S3:设置于所述吊绳段上的偏摆感应测量装置跟踪并测量所述吊绳段的偏摆参数;

(4) 步骤 S4:根据所述动滑轮中心的三维空间坐标和所述吊绳段的偏摆参数,计算得到所述建筑塔式起重机吊钩的三维空间坐标。

所述步骤 S1 包括:①根据所述 GNSS 流动站自身采集的导航卫星观测值以及设置于地面的 GNSS 基准站通过数据通信链发送的经导航卫星间差分处理后的综合误差改正信号,计算得到所述 GNSS 流动站的厘米级天线相位中心三维空间坐标;②根据所述 GNSS 流动站的天线相位中心三维空间坐标以及设置于地面的 GNSS 基准站通过数据通信链发送的坐标差改正信号计算得到所述 GNSS 流动站的厘米级天线相位中心三维空间坐标。

所述步骤 S2 中,所述动滑轮中心的三维空间坐标的计算公式为:

$$\begin{cases} X = X_{\mathrm{G}} + X_{\mathrm{N}} \\ Y = Y_{\mathrm{G}} + Y_{\mathrm{E}} \\ H = H_{\mathrm{G}} + H_{\mathrm{U}} + f(\alpha, A) - H_1 - r \end{cases} \tag{3-65}$$

式中,(X, Y, H) 为所述动滑轮中心的三维空间坐标,$(X_{\mathrm{G}}, Y_{\mathrm{G}}, H_{\mathrm{G}})$ 为所述 GNSS 流动站的天线相位中心的三维空间坐标,$(X_{\mathrm{N}}, Y_{\mathrm{E}}, H_{\mathrm{U}})$ 为所述 GNSS 流动站的天线相位中心与天线几何中心的偏差,$f(\alpha, A)$ 为由 GNSS 接收机天线校准机构提供的依据每隔 5° 卫星方位角和每隔 5° 卫星高度角校出的网格天线模型,然后随导航卫星的实际方位角 α 及实际高度角 A 进行双线性内插运算获得的插值,H_1 为所述 GNSS 流动站的天线几何中心到所述动滑轮中心对应的顶部的垂高,r 为所述动滑轮的半径。

所述偏摆感应测量装置包括激光信号发射器和水平圆形偏摆测量单元,所述激光信号发射器设置于从所述吊绳段的首端起算长度 l 处,所述水平圆形偏摆测量单元的中心与所述吊绳段的首端连接,且设置于所述支撑架的底部,所述步骤 S3 包括:

1) 当所述建筑塔式起重机吊钩发生摆动时,所述激光信号发射器感应所述吊绳段的摆动,并在所述吊绳段的摆动时垂直向上发送所述激光信号至所述水平圆形偏摆测量单元。

2) 所述水平圆形偏摆测量单元根据所述激光信号发射在所述水平圆形偏摆测量单元的标定点 S,自动测量出所述激光信号发射器的水平面偏摆角 α、水平面偏摆距离 R。

3) 所述水平圆形偏摆测量单元的半径 c 与所述长度 l、所述动滑轮的半径 r 满足如下关系式:

$$\begin{cases} c \leqslant r \\ c - l \cdot \sin\left(k \cdot \dfrac{\pi}{6} \cdot \dfrac{l}{L}\right) = 0 \end{cases} \tag{3-66}$$

式中，L 为所述吊绳段的长度，k 为所述吊绳段的安全系数，$k = 0.7 \sim 1.0$。

所述步骤 S3 之后，还包括：

1）判断所述吊绳段偏摆角度 β 是否超出预警角度 χ，若是，则发出用于提示暂停作业的报警信号。

2）所述吊绳段偏摆角度 β 和所述预警角度 χ 计算公式如下：

$$\begin{cases} \beta = \arcsin\left(\dfrac{R}{l}\right) \\ \chi = \arcsin\left(\dfrac{c}{l}\right) \end{cases} \tag{3-67}$$

式中，R 为所述激光信号发射器的水平面偏摆距离，l 为所述激光信号发射器的位置到所述吊绳段首端的长度，c 为所述水平圆形偏摆测量单元的半径。

所述步骤 S4 中，所述建筑塔式起重机吊钩的三维空间坐标的计算公式如下：

$$\begin{cases} X_g = X + L \cdot \cos\alpha \\ Y_g = Y + L \cdot \sin\alpha \\ H_g = H - r - H_2 - L \cdot \sqrt{1 - \left(\dfrac{R}{l}\right)^2} \end{cases} \tag{3-68}$$

式中，(X_g, Y_g, H_g) 为所述建筑塔式起重机吊钩的三维空间坐标，(X, Y, H) 为所述动滑轮中心的三维空间坐标，L 为所述吊绳段的长度，l 为所述激光信号发射器的位置到所述吊绳段首端的长度，r 为所述动滑轮的半径，H_2 为所述动滑轮中心对应的底部到所述水平圆形偏摆测量单元的垂高，α、R 分别为所述激光信号发射器的水平面偏摆角和水平面偏摆距离。

本节提供的一种基于 GNSS 的建筑塔式起重机吊钩定位方法，通过 GNSS 流动站获取的 GNSS 流动站的天线相位中心三维空间坐标来计算建筑塔式起重机吊钩上方的动滑轮中心的三维空间坐标，根据设置于用于连接动滑轮和建筑塔式起重机吊钩的吊绳段上的偏摆感应测量装置跟踪并测量吊绳段的偏摆参数，根据动滑轮中心的三维空间坐标和吊绳段的偏摆参数，计算得到建筑塔式起重机吊钩的三维空间坐标，精确定位建筑塔式起重机吊钩的位置，避免由于吊钩受到外力作用的影响发生摆动，导致无法测量塔基吊钩的位置。

3.6.3　具体实施方式

建筑塔式起重机结构示意图如图 3-13 所示。

由图 3-13 可知，基于卫星定位的建筑塔式起重机吊钩 28 定位方法，应用于建筑塔式起重机，建筑塔式起重机包括：动滑轮 20、吊钩 28 以及用于连接动滑轮 20 和吊钩 28 的第二吊绳段 27，动滑轮 20 外罩设有支撑架 25，GNSS 流动 11 站设置于支撑架 25 顶部。

一种基于卫星定位的吊钩定位系统结构示意图如图 3-14 所示，该定位方法的算法流程如图 3-15 所示。

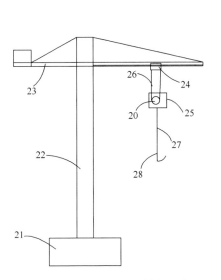

图 3-13　建筑塔式起重机结构示意图

20—动滑轮；21—塔基；22—塔身；
23—塔臂；24—移动小车；25—支撑架；
26—第一吊绳段；27—第二吊绳段；
28—吊钩

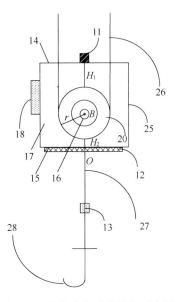

图 3-14　吊钩定位系统结构示意图

11—GNSS 流动站；12—水平圆形偏摆测量单元；
13—激光信号发射器；14—上支撑部；15—下支
撑部；16—中心固定轴；17—筒形结构；18—报
警装置；20—动滑轮；25—支撑架；26—连接绳；
27—吊绳段；28—吊钩

根据图 3-15，基于卫星定位的建筑塔式起重机吊钩定位方法的算法流程步骤为：

（1）步骤 S1：根据 GNSS 流动站 11 自身采集的导航卫星观测值计算 GNSS 流动站 11 的天线相位中心三维空间坐标。GNSS 流动站 11 可以设置于建筑塔式起重机吊钩 28 上方的动滑轮 20 外罩设的支撑架 25 的顶部，当然，根据实际建筑塔式起重机的结构进行调整，均在本发明的保护范围内。需要指出

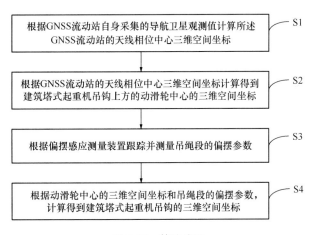

图 3-15　算法流程

的是，GNSS 流动站 11 的个数不做具体限定，一个或者多个均在本发明实施例的保护范围内。

（2）步骤 S2：根据 GNSS 流动站 11 的天线相位中心三维空间坐标计算得到建筑塔式起重机吊钩 28 上方的动滑轮 20 中心的三维空间坐标。由于 GNSS 流动站 11 设置的位置是靠近滑轮 20 中心的位置，因此，通过动滑轮 20 以及支撑架 25 等参数以及 GNSS 流动站 11 的天线相位中心三维空间坐标计算动滑轮 20 中心的三维空间坐标。

（3）步骤 S3：设置于第二吊绳段 27 上的偏摆感应测量装置跟踪并测量用于连接动滑

轮 20 和建筑塔式起重机吊钩 28 的第二吊绳段 27 的偏摆参数。偏摆感应测量装置可以包括设置于第二吊绳段 27 上能够测量方位角的陀螺仪传感器和倾角传感器，或者包括设置于从第二吊绳段 27 的首端起算长度 l 处的激光信号发射器 13 和设置于支撑架 25 的底部的水平圆形偏摆测量单元 12，水平圆形偏摆测量单元 12 的中心与第二吊绳段 27 的首端连接。获取第二吊绳段 27 在摆动过程中在水平面偏摆角、竖直面的倾角以及水平面偏摆距离，由于偏摆感应测量装置中包含的测量器件不同，第二吊绳段的偏摆参数获取以及计算方法不同，均在本实施方式的保护范围内。

（4）步骤 S4：根据动滑轮 20 中心的三维空间坐标和吊绳段的偏摆参数，计算得到建筑塔式起重机吊钩 28 的三维空间坐标。对动滑轮 20 中心的三维空间坐标以及建筑塔式起重机吊钩 28 的三维空间坐标的计算可在数据处理装置中进行，数据处理装置可设置于远程的控制中心，通过无线通信的方式接收数据。

本节提供的基于卫星定位的建筑塔式起重机吊钩 28 定位方法，通过 GNSS 流动站 11 获取的 GNSS 流动站 11 的天线相位中心三维空间坐标来计算建筑塔式起重机吊钩 28 上方的动滑轮 20 中心的三维空间坐标，根据设置于用于连接动滑轮 20 和建筑塔式起重机吊钩 28 的第二吊绳段 27 上的偏摆感应测量装置跟踪并测量吊绳段的偏摆参数，根据动滑轮 20 中心的三维空间坐标和吊绳段的偏摆参数，计算得到建筑塔式起重机吊钩 28 的三维空间坐标，精确定位建筑塔式起重机吊钩 28 的位置，避免由于建筑塔式起重机吊钩 28 受到外力作用的影响发生摆动，导致无法测量建筑塔式起重机吊钩 28 的位置。在上述基于 GNSS 的建筑塔式起重机吊钩 28 定位方法的基础上，步骤 S1 包括：根据 GNSS 流动站 11 自身采集的导航卫星观测值以及设置于地面的 GNSS 基准站通过数据通信链发送的经导航卫星间差分处理后的综合误差改正信号，计算得到 GNSS 流动站 11 的厘米级天线相位中心三维空间坐标。

为了提高 GNSS 流动站 11 天线相位中心三维空间坐标的精度，GNSS 基准站架设在施工项目附近视野相对广阔的已知坐标点，可以是一个或多个，发送导航卫星间差分处理后的综合误差改正信号至建筑塔式起重机上的 GNSS 流动站 11，结合 GNSS 流动站 11 自身采集的导航卫星观测值和综合误差改正信号计算得到 GNSS 流动站 11 的厘米级天线相位中心三维空间坐标。在上述基于 GNSS 的建筑塔式起重机吊钩 28 定位方法的基础上，步骤 S1 包括：根据 GNSS 流动站 11 的天线相位中心三维空间坐标以及设置于地面的 GNSS 基准站通过数据通信链发送的坐标差改正信号计算得到 GNSS 流动站 11 的厘米级天线相位中心三维空间坐标。

同理，为了提高 GNSS 流动站 11 天线相位中心三维空间坐标的精度，GNSS 基准站发送坐标差改正信号至建筑塔式起重机上的 GNSS 流动站 11，结合坐标差改正信号和已经计算出来的 GNSS 流动站 11 的天线相位中心三维空间坐标计算得到 GNSS 流动站 11 的厘米级天线相位中心三维空间坐标。

如图 3-14 所示，在上述基于 GNSS 的建筑塔式起重机吊钩 28 定位方法的基础上，步骤 S2 中，动滑轮 20 中心的三维空间坐标的计算公式为：

$$\begin{cases} X = X_{\mathrm{G}} + X_{\mathrm{N}} \\ Y = Y_{\mathrm{G}} + Y_{\mathrm{E}} \\ H = H_{\mathrm{G}} + H_{\mathrm{U}} + f(\alpha, A) - H_1 - r \end{cases} \tag{3-69}$$

式中，$(X，Y，H)$ 为动滑轮 20 中心的三维空间坐标，$(X_G，Y_G，H_G)$ 为 GNSS 流动站 11 的天线相位中心的三维空间坐标，$(X_N，Y_E，H_U)$ 为 GNSS 流动站的天线相位中心与天线几何中心的偏差，$f(\alpha，A)$ 为由 GNSS 接收机天线校准机构提供的依据每隔 5°卫星方位角和每隔 5°卫星高度角校出的网格天线模型，然后随导航卫星的实际方位角 α 及实际高度角 A 进行双线性内插运算获得的插值，H_1 为 GNSS 流动站 11 的天线几何中心到动滑轮 20 中心对应的顶部的垂高，r 为动滑轮 20 的半径。

在上述基于 GNSS 的建筑塔式起重机吊钩 28 定位方法的基础上，偏摆感应测量装置包括激光信号发射器 13 和水平圆形偏摆测量单元 12，激光信号发射器 13 设置于从吊绳段 27 的首端起算长度 l 处，水平圆形偏摆测量单元 12 的中心与吊绳段 27 的首端连接，水平圆形偏摆测量单元 12 设置于支撑架 25 的底部，步骤 S3 包括：

当建筑塔式起重机吊钩 28 发生摆动时，激光信号发射器 13 感应吊绳段 27 的摆动，并在吊绳段 27 的摆动时垂直向上发送激光信号至水平圆形偏摆测量单元 12；激光发射器 13 也可以一直向上发送激光信号。

水平圆形偏摆测量单元 12 根据激光信号发射在水平圆形偏摆测量单元 12 的标定点 S，自动测量出激光信号发射器 13 的水平面偏摆角 α、水平面偏摆距离 R。

一种水平圆形偏摆测量单元接收激光信号示意图如图 3-16 所示。

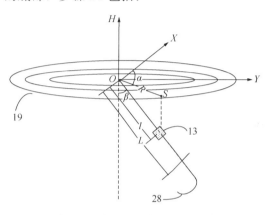

图 3-16　水平圆形偏摆测量单元接收激光信号示意图

13—激光信号发射器；19—数据处理装置；28—吊钩

如图 3-16 所示，以水平圆形偏摆测量单元 12 所在的平面作为水平面，建立空间坐标系，水平圆形偏摆测量单元 12 的中心 O 为坐标原点，水平面上设 X 轴和 Y 轴，垂直于水平圆形偏摆测量单元 12 的方向设为 H 轴。水平面偏摆角 α 是指从 X 轴逆时针旋转至 OS 连线而得到的角度，水平面偏摆距离 R 是指 OS 连线的长度。

在上述基于 GNSS 的建筑塔式起重机吊钩 28 定位方法的基础上，水平圆形偏摆测量单元 12 的半径 c 与长度 l、动滑轮 20 的半径 r 满足如下关系式：

$$
\begin{cases}
c \leqslant r \\
c - l \cdot \sin\left(k \cdot \dfrac{\pi}{6} \cdot \dfrac{l}{L}\right) = 0
\end{cases}
\tag{3-70}
$$

式中，L 为吊绳段 27 的长度，k 为吊绳段的安全系数，$k = 0.7 \sim 1.0$。

在上述基于 GNSS 的建筑塔式起重机吊钩 28 定位方法的基础上，步骤 S4 中，建筑塔式起重机吊钩 28 的三维空间坐标的计算公式如下：

$$
\begin{cases}
X_g = X + L \cdot \cos\alpha \\
Y_g = Y + L \cdot \sin\alpha \\
H_g = H - r - H_2 - L \cdot \sqrt{1 - \left(\dfrac{R}{l}\right)^2}
\end{cases}
\tag{3-71}
$$

式中，(X_g, Y_g, H_g) 为建筑塔式起重机吊钩 28 的三维空间坐标，(X, Y, H) 为动滑轮 20 中心的三维空间坐标，L 为吊绳段 27 的长度，l 为激光信号发射器 13 的位置到吊绳段 27 首端的长度，r 为动滑轮 20 的半径，H_2 为动滑轮 20 中心对应的底部到水平圆形偏摆测量单元的垂高，α、R 分别为激光信号发射器 13 的水平面偏摆角和水平面偏摆距离。吊绳段 27 首端是指第二吊绳段上与水平圆形偏摆测量单元 12 连接的一端。

在上述基于 GNSS 的建筑塔式起重机吊钩 28 定位方法的基础上，步骤 S3 之后，还包括：

判断吊绳段 27 偏摆角度 β 是否超出预警角度 χ，若是，则发出用于提示暂停作业的报警信号。

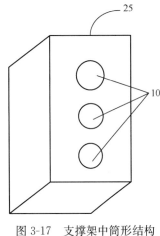

图 3-17　支撑架中筒形结构
示意图

10—通孔；25—支撑架

在上述基于 GNSS 的建筑塔式起重机吊钩 28 定位方法的基础上，吊绳段 27 偏摆角度 β 和预警角度 χ 计算公式如下：

$$\begin{cases} \beta = \arcsin\left(\dfrac{R}{l}\right) \\ \chi = \arcsin\left(\dfrac{c}{l}\right) \end{cases} \qquad (3\text{-}72)$$

式中，R 为激光信号发射器 13 的水平面偏摆距离，l 为激光信号发射器 13 的位置到吊绳段 27 首端的长度，c 为水平圆形偏摆测量单元 12 的半径。吊绳段 27 首端是指第二吊绳段上与水平圆形偏摆测量单元 12 连接的一端。

其中，支撑架中筒形结构示意图如图 3-17 所示。

如图 3-14、图 3-17 所示，动滑轮 20 的外部罩设有支撑架 25，其中，支撑架 25 包括筒形结构 17，筒形结构 17 的顶部连接有上支撑部 14，筒形结构 17 的底部连接有下支撑部 15，支撑架 25 通过两侧的通孔 10 连接于动滑轮 20 的中心固定轴 16 上，即中心固定轴 16 的两端分别穿过筒形结构 17 侧壁上对称的通孔，将两个螺母分别旋转于中心固定轴 16 的两端，进而与筒形结构 17 的外侧壁紧密贴合，保证支撑架 25 和动滑轮 20 固定。当然，筒形结构 17 可以包括横截面为圆形、椭圆形、矩形或正方形等，支撑架 25 与动滑轮 20 的固定方式包括但不限于上述的可拆卸的连接方式，还可以包括固定连接方式，即动滑轮 20 的中心固定轴 16 的两端分别与筒形结构 17 的相对的两内侧壁固定连接，均在本实施方式的保护范围内。

一种基于 GNSS 的建筑塔式起重机吊钩定位系统结构框图如图 3-18 所示。

如图 3-14、图 3-18 所示，基于 GNSS 的建筑塔式起重机吊钩定位系统包括：GNSS 流动站 11、水平圆形偏摆测量单元 12、激光信号发射器 13、报警装置 18、数据处理装置 19。GNSS 流动站 11 是一种测量型 GNSS 接收机，GNSS 流动站 11 设置于支撑架 25 的顶部，具体与支撑架 25 中上支撑部 14 表面连接。GNSS 流动站 11 包括导航定位

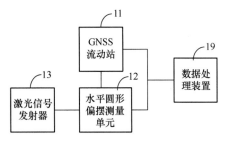

图 3-18　基于 GNSS 的建筑塔式起重机
吊钩定位系统结构框图

装置和坐标计算装置，其中，导航定位装置用于采集 GNSS 流动站自身的导航卫星观测值，坐标计算装置用于根据 GNSS 导航卫星定位信号计算 GNSS 流动站 11 的天线相位中心三维空间坐标。需要指出的是，GNSS 流动站 11 的个数不做具体限定，一个或者多个均在本发明实施例的保护范围内。激光信号发射器 13 设置于吊绳段 27 上，用于感应吊绳段 27 的摆动，并在吊绳段 27 的摆动时垂直向上发送激光信号至水平圆形偏摆测量单元 12。水平圆形偏摆测量单元 12 用于接收激光信号，并根据激光信号测量并计算激光信号发射器 13 的偏摆参数，水平圆形偏摆测量单元 12 与支撑架 25 的底部固定连接，具体与支撑架 25 中的下支撑部 15 固定连接。吊绳段的偏摆参数实际与激光信号发射器 13 的偏摆参数含义相同，可以相互替换。数据处理装置 19 用于根据 GNSS 流动站 11 的天线相位中心三维空间坐标计算得到动滑轮 20 中心 B 的三维空间坐标，并根据动滑轮 20 中心 B 的三维空间坐标以及激光信号发射器 13 的偏摆参数，计算得到吊钩 28 的三维空间坐标。数据处理装置 19 可设置于远程的控制中心，通过无线通信的方式接收数据。报警装置 18 用于判断吊绳段 27 偏摆角度 β 是否超出预警角度 χ，若是，则发出用于提示暂停作业的报警信号，警报装置 18 优选设置于支撑架 25 的侧面，保证操作人员能够及时观察到报警信号，当然，警报装置 18 的安装位置包括但不限于上述地点，根据实际需求进行调整，均在本实施例的保护范围内。报警装置 18 包括：用于根据报警信号发出鸣叫声的声音报警器；用于根据报警信号发出闪烁灯光的灯光报警器。当然，报警装置 18 包括但不限于上述两种报警器，还可以包括将声音与灯光结合的报警器等，均在本实施方式的保护范围内。

3.6.4 权利要求书

本节提出的吊钩位置卫星定位方法涉及一项已经获得授权的国家发明专利技术：一种基于 GNSS 的塔机吊钩定位方法（ZL201810362613.8）。其中，该项发明专利技术主张保护的权利要求项如下（周命端等，2018）：

（1）一种基于 GNSS 的建筑塔式起重机吊钩定位方法，其特征在于，所述方法应用于建筑塔式起重机，所述建筑塔式起重机包括：动滑轮、建筑塔式起重机吊钩以及用于连接所述动滑轮和所述建筑塔式起重机吊钩的吊绳段，所述动滑轮外罩设有支撑架，所述 GNSS 流动站设置于所述支撑架顶部，所述方法包括：

步骤 S1：根据 GNSS 流动站自身采集的导航卫星观测值计算所述 GNSS 流动站的天线相位中心三维空间坐标。

步骤 S2：根据所述 GNSS 流动站的天线相位中心三维空间坐标计算得到所述建筑塔式起重机吊钩上方的所述动滑轮中心的三维空间坐标。

所述步骤 S2 中，所述动滑轮中心的三维空间坐标的计算公式见式（3-65）。

步骤 S3：设置于所述吊绳段上的偏摆感应测量装置跟踪并测量所述吊绳段的偏摆参数；所述偏摆感应测量装置包括激光信号发射器和水平圆形偏摆测量单元，所述激光信号发射器设置于从所述吊绳段的首端起算长度 l 处，所述水平圆形偏摆测量单元的中心与所述吊绳段的首端连接，所述水平圆形偏摆测量单元设置于所述支撑架的底部，所述步骤 S3 包括：当所述建筑塔式起重机吊钩发生摆动时，所述激光信号发射器感应所述吊绳段的摆动，并在所述吊绳段的摆动时垂直向上发送所述激光信号至所述水平圆形偏摆测量单元；所述水平圆形偏摆测量单元根据所述激光信号发射在所述水平圆形偏摆测量单元的标定点 S，自动测量出所述激光信号发射器的水平面偏摆角 α、水平面偏摆距离 R。

其中，以所述水平圆形偏摆测量单元所在的平面作为水平面，建立空间坐标系，所述水平圆形偏摆测量单元的中心为坐标原点，水平面上设 X 轴和 Y 轴，所述水平面偏摆角是指从所述 X 轴逆时针旋转至所述坐标原点和所述标定点的连线而得到的角度，所述水平面偏摆距离是指所述坐标原点和所述标定点的连线的长度。

步骤 S4：根据所述动滑轮中心的三维空间坐标和所述吊绳段的偏摆参数，计算得到所述建筑塔式起重机吊钩的三维空间坐标。

所述步骤 S4 中，所述建筑塔式起重机吊钩的三维空间坐标的计算公式见式（3-68）。

（2）如权利要求（1）所述的基于 GNSS 的建筑塔式起重机吊钩定位方法，其特征在于，所述步骤 S1 包括：

根据所述 GNSS 流动站自身采集的导航卫星观测值以及设置于地面的 GNSS 基准站通过数据通信链发送的经导航卫星间差分处理后的综合误差改正信号，计算得到所述 GNSS 流动站的厘米级天线相位中心三维空间坐标。

（3）如权利要求（1）所述的基于 GNSS 的建筑塔式起重机吊钩定位方法，其特征在于，所述步骤 S1 包括：

根据所述 GNSS 流动站的天线相位中心三维空间坐标以及设置于地面的 GNSS 基准站通过数据通信链发送的坐标差改正信号计算得到所述 GNSS 流动站的厘米级天线相位中心三维空间坐标。

（4）如权利要求（1）所述的基于 GNSS 的建筑塔式起重机吊钩定位方法，其特征在于，所述水平圆形偏摆测量单元的半径 c 与所述长度 l、所述动滑轮的半径 r 满足式(3-66)。

（5）如权利要求（4）所述的基于 GNSS 的建筑塔式起重机吊钩定位方法，其特征在于，所述步骤 S3 之后，还包括：

判断所述吊绳段偏摆角度 β 是否超出预警角度 χ，若是，则发出用于提示暂停作业的报警信号。

（6）如权利要求（5）所述的基于 GNSS 的建筑塔式起重机吊钩定位方法，其特征在于，所述吊绳段偏摆角度 β 和所述预警角度 χ 计算公式见式(3-67)。

3.6.5　本节小结

在建筑塔式起重机进行吊装作业的过程中，准确确定吊钩位置对于完成建筑塔式起重机吊装定点放样任务具有重要意义。本节提出了一种基于 GNSS 的建筑塔式起重机吊钩定位方法，通过 GNSS 流动站获取的 GNSS 流动站的天线相位中心三维空间坐标来计算建筑塔式起重机吊钩上方的动滑轮中心的三维空间坐标，根据设置于用于连接动滑轮和建筑塔式起重机吊钩的吊绳段上的偏摆感应测量装置跟踪并测量吊绳段的偏摆参数，根据动滑轮中心的三维空间坐标和吊绳段的偏摆参数，计算得到建筑塔式起重机吊钩的三维空间坐标，精确定位建筑塔式起重机吊钩的位置，避免由于吊钩受到外力作用的影响发生摆动，导致无法测量塔基吊钩的位置。值得说明的是，本节涉及的重要方法及系统申请了国家发明专利并获得授权证书（ZL201810360792.1、ZL201810362613.8 和 ZL202010459090.6）。

3.7　吊钩位置精准定位可靠性验证系统

本节提出了一种建筑塔式起重机吊钩位置精准定位可靠性验证系统。

3.7.1　背景技术

目前在对于吊钩位置定位精度要求越来越高，同时，对于定位可靠性也要求越来越高，其目的是实现建筑塔式起重机吊钩位置精准定位。随着科学技术的进步和发展，测量型 GNSS 接收机定位的精度越来越高，精度的提高来自 GNSS 接收机内部的部件性能的改善，以及各种数据处理算法及误差修正模型的完善。但与此同时，在建筑塔式起重机吊装作业复杂动态工作环境下，GNSS 接收机发生故障包括导航卫星信号失锁的概率也有所增大，一旦发生故障，会产生严重的结果。目前，对于 GNSS 实时精密定位技术的单次测量的可靠性验证，往往需要 GNSS 定位的多次重复测量进行相互验证。这种验证方式，降低了工作效率，增加了作业成本。在 GNSS 技术应用于建筑塔式起重机吊装作业的定位方面，都是假定 GNSS 的测量结果是精确的，缺乏对 GNSS 测量结果的可靠性进行验证环节，这使得基于 GNSS 定位的吊装作业施工过程存在潜在的风险。

3.7.2　发明内容

本节提供了一种建筑塔式起重机吊钩位置精准定位可靠性验证系统，所述吊钩位置利用建筑塔式起重机移动小车上的 GNSS 接收机的定位数据确定，所述系统包括：

（1）定位数据接收装置，接收安装在建筑塔式起重机移动小车上的 GNSS 接收机的定位数据；

（2）运动状态确定装置，确定建筑塔式起重机当前的运动状态是否为移动小车在横臂上做远离或接近塔身的变幅运动；

（3）约束条件确定装置，根据建筑塔式起重机当前的运动状态，当移动小车在横臂上做远离或接近塔身的变幅运动时，确定可靠性验证约束条件，所述可靠性验证约束条件依据建筑塔式起重机的运动状态的空间运动规律确定；

（4）判定模型确定装置，根据建筑塔式起重机当前的运动状态以及对应的可靠性验证约束条件，建立可靠性验证判定模型；以及可靠性确定装置，确定 GNSS 接收机测量结果的可靠性。

所述定位数据是经 GNSS 实时精密定位技术处理后获得的并通过数据通信链播发的历元时刻 t、平面位置数据（X_t, Y_t）、高程位置数据（H_t）以及定位精度信息。

所述系统还包括摆臂角度传感器，用于测量建筑塔式起重机横臂摆臂的坐标方位角；俯仰角传感器，测量所述横臂的竖向倾角，正值为仰角，负值为俯角；变幅半径确定装置，用于确定移动小车的变幅半径。

针对建筑塔式起重机横臂摆动且移动小车变幅的运动状态，可靠性验证约束条件确定为条件方程式：

$$C \cdot H_n + A - \tilde{h} = 0 \qquad (3-73)$$

针对建筑塔式起重机横臂不摆臂而移动小车变幅的运动状态，可靠性验证约束条件确定为条件方程式：

$$\begin{cases} Y_n = \tan\alpha \cdot X_n + D \\ C \cdot H_n + A - \tilde{h} = 0 \end{cases} \qquad (3-74)$$

式中，$\tilde{h}$ 为横臂高度，H_n 为依据 GNSS 接收机测得的第 n 个历元时刻的高程位置数据所换算得到的横臂的实际高度，α 为所述摆臂角度传感器测得的建筑塔式起重机横臂摆臂的坐标方位角，(X_n, Y_n) 为依据 GNSS 接收机测得的第 n 个历元时刻的平面位置数据所换算得到的站心坐标系下的平面位置数据，D 为直线方程的斜距，通常为一常数，由建筑塔式起重机物理构造与 GNSS 接收机安装位置确定，C 为横臂高度修正乘系数，$C = 0.9999 \sim 1.0001$，A 为横臂高度修正加系数，可以按下式确定：

$$A = -\tan(i) \times R \qquad (3-75)$$

式中，i 为所述俯仰角传感器测得的横臂的竖向倾角，正值为仰角，负值为俯角，R 为移动小车变幅半径。

由于用于确定吊钩位置的 GNSS 接收机测量结果的可靠性得到验证，可以剔除不可靠的结果，因而可以确保吊钩位置定位更加可靠精准。

3.7.3 具体实施方式

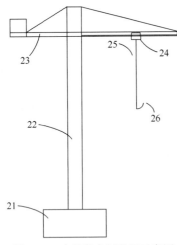

图 3-19　建筑塔式起重机示意图
21—固定装置（塔基）；22—立柱
（塔身）；23—横臂；24—移动小车；
25—吊绳；26—吊钩

现在有一种系统利用安装在建筑塔式起重机移动小车上的 GNSS 接收机的定位数据来确定吊钩的位置，由于该系统可以避免在吊钩上设置定位装置，减少了信号不好的屏蔽区域，减少了 GNSS 接收机的碰撞损伤，提高了 GNSS 接收机的使用寿命，因而得到了认可。但是目前都是假定 GNSS 接收机测量结果是正确的，这有时可能与实际情况不符合。针对这种情况，进一步确定 GNSS 接收机的定位可靠性，从而使得吊钩位置的确定更有保证。其中，建筑塔式起重机示意图如图 3-19 所示。

根据图 3-19 所示，建筑塔式起重机包括固定装置（塔基）21、立柱（塔身）22、横臂 23、移动小车 24、吊绳 25、吊钩 26。在移动小车 24 上设置 GNSS 流动站。移动小车 24 上还设置有定滑轮，吊绳 25 可以分成两段。建筑塔式起重机包括移动小车驱动装置，用于驱动移动小车。移动小车驱动装置包括电机和滑轮，设置在横臂上，通过链索等与移动小车相连接，从而对移动小车进行驱动。

建筑塔式起重机吊钩位置定位可靠性验证系统示意图如图 3-20 所示。

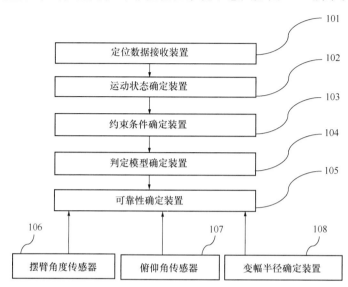

图 3-20　建筑塔式起重机吊钩位置定位可靠性验证系统示意图

根据图 3-20，建筑塔式起重机吊钩位置定位可靠性验证系统包括：

（1）定位数据接收装置 101。建筑塔式起重机具有摆臂角度传感器 106、俯仰角传感器 107 以及变幅半径确定装置 108。摆臂角度传感器 106 用于测量建筑塔式起重机横臂摆臂的坐标方位角；根据一种实施方式，其设置在横臂 23 和立柱 22 的交接处，为角度传感器。俯仰角传感器 107 用于测量所述横臂的竖向倾角，正值为仰角，负值为俯角；根据一种实施方式，其也设置在摆臂 23 和立柱 22 的交接处，为角度传感器；由于横臂的竖向倾角一般较小，因而俯仰角传感器需要具有较高的精度；根据另一种实施方式，其设置在横臂 23 的端部。变幅半径确定装置 108 用于确定所述移动小车的变幅半径，即小车所在位置距离横臂绕塔身旋转的旋转中心的横臂距离；其可以设置在建筑塔式起重机的移动小车驱动装置处；根据一种实施方式，变幅半径确定装置可以包括测量移动小车移动距离的里程计装置（包括传感器），一般移动小车由设置在横臂上的电机驱动而移动，该里程计可以测量驱动移动小车的绳索的里程，从而确定移动小车与塔身的距离。定位数据接收装置 101 接收安装在建筑塔式起重机移动小车上的 GNSS 接收机的定位数据，定位数据是经 GNSS 实时精密定位技术（例如 GNSS RTK 技术）处理后获得的并通过数据通信链播发的历元时刻 t、平面位置数据（X_t, Y_t）、高程位置数据（H_t）以及定位精度信息。

（2）运动状态确定装置 102 确定建筑塔式起重机当前的运动状态是否为移动小车在横臂上做远离或接近塔身的变幅运动。根据一种实施方式，将建筑塔式起重机的运动状态分为两种：①塔式起重机摆臂（横臂摆动）且移动小车在横臂上做变幅运动，即远离或接近塔身的运动；②塔式起重机不摆臂而移动小车变幅运动。可以通过确定塔式起重机驾驶员操作手柄的状态的方式来确定塔式起重机吊装作业的运动状态。

（3）约束条件确定装置 103 根据建筑塔式起重机当前的运动状态，在移动小车在横臂上做远离或接近塔身的变幅运动时，确定可靠性验证约束条件，所述可靠性验证约束条件依据建筑塔式起重机的运动状态的空间运动规律确定。

针对塔式起重机摆臂（横臂摆动）且移动小车在横臂上做远离或接近塔身的变幅运动的情况，在这种情况下，实际上能够根据横臂转动的角速度以及小车的运动速度确定其运动轨迹，但是运算复杂。可以采用固定的坐标，利用角速度，确定在固定坐标上的投影，而确定所应遵循的直线运动。根据一种实施方式，鉴于横臂高度 $\tilde{h}$ 保持不变，为了简化运算，忽略移动小车的运动轨迹，可以仅仅基于 $\tilde{h}$ 几何约束条件，构造横臂高程几何约束的条件方程式：$C \cdot H_n + A - \tilde{h} = 0$，其中，$\tilde{h}$ 为横臂高度，H_n 为依据 GNSS 接收机测得的第 n 个历元时刻的高程位置数据所换算得到的横臂的实际高度，C 为横臂高度修正乘系数，$C = 0.9999 \sim 1.0001$，A 为横臂高度修正加系数，可按下式确定：

$$A = -\tan(i) \times R \tag{3-76}$$

式中，i 为俯仰角传感器 107 所测得的横臂的微小竖向倾角，正值为仰角，负值为俯角，R 为变幅半径确定装置 108 所测得的移动小车变幅半径，即移动小车所在位置距离横臂绕塔身旋转的旋转中心的横臂距离。

针对塔式起重机不摆臂而移动小车变幅运动的情况，GNSS 接收机运动状态是一条沿横臂滑动的直线轨迹，构造直线轨迹几何约束的条件方程式：

$$\begin{cases} Y_n = \tan\alpha \cdot X_n + D \\ C \cdot H_n + A - \tilde{h} = 0 \end{cases} \tag{3-77}$$

式中，α 为建筑塔式起重机横臂摆臂的坐标方位角，(X_n, Y_n) 为依据 GNSS 接收机测得的第 n 个历元时刻的平面位置数据所换算得到的站心坐标系下的平面位置数据，D 为直线方程的斜距，通常为一常数，由建筑塔式起重机物理构造与 GNSS 接收机安装位置确定。在一种实施方式中，建筑塔式起重机横臂为等腰三角形结构，D 为 GNSS 接收机安装位置沿 X 轴方向（北方向，高斯投影平面坐标系）到建筑塔式起重机横臂底部的中心线的距离。

（4）判定模型确定装置 104 根据约束条件，根据建筑塔式起重机当前的运动状态以及对应的可靠性验证约束条件，建立可靠性验证判定模型。

根据塔式起重机吊装运行行为以及塔式起重机状态传感器数据（例如测量建筑塔式起重机横臂摆臂的坐标方位角的角度传感器），将精准定位可靠性判定构成一个基于临界阈值预警的算法准则：

1）针对横臂摆动且移动小车变幅的运动状态，构造高程几何约束的可靠性临界条件式（可靠性判定模型）：

$$|C \cdot H_n + A - \tilde{h}| < \xi \tag{3-78}$$

2）针对塔式起重机不摆臂而移动小车变幅的运动状态，构造直线轨迹几何约束的可靠性临界条件式（可靠性判定模型）：

$$\begin{cases} \left| \dfrac{X_n}{Y_n} - \dfrac{\sum \frac{X_{n-1}}{Y_{n-1}}}{n-1} \right| < \varepsilon \\ |C \cdot H_n + A - \tilde{h}| < \xi \end{cases} \tag{3-79}$$

利用式（3-76）～式（3-78）使得对于可靠性的判定具有一定的弹性，避免横臂的竖向倾角测量的偶然误差或移动小车变幅半径测量的偶然误差等导致不必要的错误报警。利用上一历元定位结果与当前历元定位结果进行了可靠性验证的判定，使用的数据简单，准确性高。

值得说明的是，合理地确定阈值参数 ξ 和 ε 是非常重要的，本系统的发明人发现所确定的参数必须是保守的，它能够保证所有"纳伪"位置感知历元都被丢弃。阈值参数 ξ 由式（3-80）确定：

$$\xi = 3 \cdot \sqrt{a_v^2 + (b_v \times H)^2} \tag{3-80}$$

式中，a_v，b_v 分别为所述 GNSS 接收机的竖直测量的固定误差和比例误差；H 为建筑塔式起重机的塔身高度。

所述阈值参数 ε 由式（3-81）确定：

$$\varepsilon = \text{arccot}(3 \cdot m_a) \tag{3-81}$$

式中，m_a 为测量建筑塔式起重机横臂摆臂的坐标方位角的摆臂角度传感器 106 的标称精度。

在本发明的实施方式中：

1）阈值参数 ξ：采用塔身高度 H 代替 GNSS 流动站与 GNSS 基准站之间的基线长度，考虑了 GNSS 接收机的竖直测量的固定误差和比例误差；

2）阈值参数 ε：将测量建筑塔式起重机横臂摆臂坐标方位角的角度传感器精度指标信息作为一种外部基准条件，引入阈值参数的计算中。

相比传统系统，本节采用的系统将动态参数变成了静态参数，因而确定的阈值参数更为保守，能够保证"纳伪"位置感知历元被丢弃。

应该注意，约束条件确定装置 103 按一定需要给出具体的约束条件。约束条件可以仅仅是对约束模型的指示。约束条件确定装置 103 和判定模型确定装置 104 可以合并，并最终给出判定模型，这些都在本发明的保护范围之内。即，尽管分为两个装置进行描述，但是包括了这些情况。

然后可靠性确定装置 105 根据上述的可靠性判定模型，确定 GNSS 流动站测量结果的可靠性。例如在实际应用中，如果定位数据中的高程数据不能满足 $|C \cdot H_n + A - \tilde{h}| < \xi$，则表明其测量结果有误。可根据所确定的可靠性判定模型来确定 GNSS 流动站定位结果的可靠性，在确定不可靠时，可以舍弃该历元时刻的定位数据，暂时不进行吊钩位置的计算，或者进行报警，确保 GNSS 流动站定位结果更加可靠精准。

在确定 GNSS 流动站的定位数据可靠的情况下，可以利用该定位数据确定吊钩的位置。可以采用现在已知或以后知悉的各种系统确定吊钩的位置。例如可以通过确定吊绳的长度、定滑轮的直径、GNSS 流动站到定滑轮中心的距离来确定吊钩位置。在双吊绳段的情况下，可以根据两个吊绳段之间的定滑轮的直径以及第二吊绳段的长度来确定吊钩的位置。

尽管在以上的描述中，将摆臂角度传感器 106、俯仰角传感器 107 以及变幅半径确定装置 108 描述成建筑塔式起重机的一部分，但是可以理解的是，它们可以是本发明的建筑塔式起重机吊钩位置精准定位可靠性验证系统的一部分。

3.7.4 权利要求书

本节提出的吊钩位置精准定位可靠性验证系统涉及一项已经获得授权的发明专利技术：建筑塔机及其吊钩位置精准定位可靠性验证系统（ZL201910781855.5）。其中，该项发明专利技术主张保护的权利要求项如下（周命端等，2019）：

（1）一种建筑塔式起重机吊钩位置精准定位可靠性验证系统，所述吊钩位置利用建筑塔式起重机移动小车上的 GNSS 接收机的定位数据确定，其特征在于，所述系统包括：定位数据接收装置，接收所述 GNSS 接收机的定位数据；运动状态确定装置，确定建筑塔式起重机当前的运动状态是否为移动小车在横臂上做远离或接近塔身的变幅运动；约束条件确定装置，根据建筑塔式起重机当前的运动状态，当移动小车在横臂上做远离或接近塔身的变幅运动时，确定可靠性验证约束条件，所述可靠性验证约束条件依据建筑塔式起重机的运动状态的空间运动规律确定；判定模型确定装置，根据建筑塔式起重机当前的运动状态以及对应的可靠性验证约束条件，建立可靠性验证判定模型；以及可靠性确定装置，确定 GNSS 接收机测量结果的可靠性。

其中，所述定位数据是经 GNSS 实时精密定位技术处理后获得的并通过数据通信链播发的历元时刻 t、平面位置数据 (X_t, Y_t)、高程位置数据 H_t 以及定位精度信息。

所述建筑塔式起重机还包括：摆臂角度传感器，用于测量建筑塔式起重机横臂摆臂的坐标方位角；俯仰角传感器，测量所述横臂的竖向倾角；变幅半径确定装置，用于确定所述移动小车的变幅半径。

针对建筑塔式起重机横臂不摆臂而移动小车变幅的运动状态，可靠性验证约束条件确定为条件方程式：

$$\begin{cases} Y_n = \tan\alpha \cdot X_n + D \\ C \cdot H_n + A - \tilde{h} = 0 \end{cases} \tag{3-82}$$

式中，$\tilde{h}$ 为横臂高度，H_n 为依据 GNSS 接收机测得的第 n 个历元时刻的高程位置数据所换算得到的横臂的实际高度，α 为所述摆臂角度传感器测得的建筑塔式起重机横臂摆臂的坐标方位角，(X_n, Y_n) 为依据 GNSS 接收机测得的第 n 个历元时刻的平面位置数据所换算得到的站心坐标系下的平面位置数据，D 为直线方程的斜距，为一常数，由建筑塔式起重机物理构造与 GNSS 接收机安装位置确定，C 为横臂高度修正乘系数，$C = 0.9999 \sim 1.0001$，A 为横臂高度修正加系数，按下式确定：

$$A = -\tan(i) \times R \tag{3-83}$$

式中，i 为所述俯仰角传感器测得的横臂的竖向倾角，正值为仰角，负值为俯角，R 为变幅半径确定装置所确定的移动小车变幅半径。

（2）根据权利要求（1）所述的建筑塔式起重机吊钩位置精准定位可靠性验证系统，其特征在于，针对建筑塔式起重机横臂不摆臂而移动小车变幅的运动状态，建立可靠性验证判定模型为临界条件式：

$$\begin{cases} \left| \dfrac{X_n}{Y_n} - \dfrac{\sum \dfrac{X_{n-1}}{Y_{n-1}}}{n-1} \right| < \varepsilon \\ \\ \left| C \cdot H_n + A - \tilde{h} \right| < \xi \end{cases} \tag{3-84}$$

式中，ξ 和 ε 为临界条件式的阈值参数，$\tilde{h}$ 为横臂高度，H_n 为依据 GNSS 接收机测得的第 n 个历元时刻的高程位置数据所换算得到的横臂的实际高度，(X_n, Y_n) 为依据 GNSS 接收机测得的第 n 个历元时刻的平面位置数据所换算得到的站心坐标系下的平面位置数据，(X_{n-1}, Y_{n-1}) 为依据 GNSS 接收机测得的第 $n-1$ 个历元时刻的平面位置数据所换算得到的站心坐标系下的平面位置数据。

（3）根据权利要求（2）所述的建筑塔式起重机吊钩位置精准定位可靠性验证系统，其特征在于，所述阈值参数 ξ 按下式确定：

$$\xi = 3 \cdot \sqrt{a_v^2 + (b_v \times H)^2} \tag{3-85}$$

式中，a_v、b_v 分别为所述 GNSS 接收机的竖直测量的固定误差和比例误差；H 为建筑塔式起重机的塔身高度。

（4）根据权利要求（3）所述的建筑塔式起重机吊钩位置精准定位可靠性验证系统，其特征在于，所述阈值参数 ε 按下式确定：

$$\varepsilon = \mathrm{arc}\ \mathrm{cot}(3 \cdot m_a) \tag{3-86}$$

式中，m_a 为所述摆臂角度传感器的标称精度。

（5）一种建筑塔式起重机，包括固定装置、立柱、横臂、移动小车、吊绳、吊钩、设置在所述移动小车上的 GNSS 流动站、设置在所述移动小车上的定滑轮，设置在所述横臂上的移动小车驱动装置。

所述建筑塔式起重机还包括：摆臂角度传感器，用于测量建筑塔式起重机横臂摆臂的坐标方位角，设置在所述横臂和所述立柱的交接处，为角度传感器；俯仰角传感器，用于测量所述横臂的竖向倾角，设置在所述横臂的端部或所述横臂与所述立柱的交接处；变幅半径确定装置，用于确定移动小车的变幅半径，所述建筑塔式起重机包括权利要求(1) ～(4) 任一项所述的建筑塔式起重机吊钩位置精准定位可靠性验证系统。

3.7.5 本节小结

在建筑塔式起重机吊装作业复杂动态工作环境下，GNSS 接收机发生故障包括导航卫星信号失锁的概率也有所增大，一旦发生故障，会产生严重的后果。目前，对于 GNSS 实时精密定位技术的单次测量的可靠性验证，往往需要 GNSS 定位的多次重复测量进行相互验证。这种验证方式，降低了工作效率，增加了作业成本。本节提出了一种吊钩位置精准定位可靠性验证系统。由于用于确定吊钩位置的 GNSS 接收机测量结果的可靠性得到验证，可以剔除不可靠的结果，因而可以确保吊钩位置定位更加可靠精准。值得说明的是，本节涉及的重要技术申请了国家发明专利并获得授权证书（ZL201910781855.5）。

3.8 本章小结

本章给出了一种建筑塔式起重机用单历元双差整周模糊度快速确定方法,可以更快速高效地解算整周模糊度参数,对单历元的所有观测卫星进行筛选分级,控制预定数量的 I 类卫星,进而大幅压缩了单历元卫星对双差整周模糊度的搜索空间,加快了单历元双差整周模糊度解算效率,从而可以适当提高基准站和监控站的北斗/GNSS 接收机采样率,并结合建筑塔式起重机卫星定位智能监控系统可靠性的实际需求,又提出了一种建筑塔式起重机用单历元双差整周模糊度解算检核方法,不但可以快速解算整周模糊度参数,还可以能够合理判断其正确性,能够有效提高建筑塔式起重机卫星定位智能监控技术的定位精度和可靠性。随后,给出了塔顶位置卫星定位三维动态检测与分级预警装置,能够实时检测塔身健康情况,结构简单,不用在塔身上安装复杂的倾角传感器等设备,提高建筑施工作业的安全性;提出了臂尖卫星定位动态监测方法和系统,能够降低移动小车处的复杂度,提高建筑施工作业的安全性;提出了一种横臂位置精准定位可靠性验证方法,用于确定横臂位置的 GNSS 接收机测量结果的可靠性得到验证,可以剔除不可靠的结果,因而可以确保横臂端部位置定位更加可靠精准。在此基础上,提出了吊钩位置卫星定位方法及系统以及吊钩位置精准定位可靠性验证系统,避免由于吊钩受到外力作用的影响发生摆动而导致无法测量塔基吊钩的位置。本章提出的智能监控卫星定位方法及装置为建筑塔式起重机智能监控系统实现提供一种全新的高精度卫星定位解决思路。

第 4 章　塔顶卫星定位智能检测预警模型

本章开发一种建筑塔式起重机塔顶位置卫星定位智能检测预警技术，研发基于卫星定位的建筑塔式起重机塔顶位置智能检测预警模型，提出一种基于历元位置偏差的塔顶位置三维位移检测参数及预警参数构造方法，从检测参数设计和预警参数设计两个角度验证塔顶位置卫星定位智能检测预警模型设计的可行性和有效性。

4.1　提出背景

塔身作为建筑塔式起重机整个起重机械的主体承重结构，具有高度高、承重量大等突出特点，一旦发生倾翻坍塌事故势必会造成巨大经济损失甚至是人员死伤。因而，对于建筑塔式起重机长期处于恶劣作业环境可能会导致塔式起重机塔身老化、伤损及倾斜等不良现象进行有效的健康安全检测显得非常重要。当前，由《施工现场塔式起重机检验规则》DB 11/611—2008 可知，建筑塔式起重机塔身健康安全检测的主要手段是采用人工周期巡检，即通过用肉眼和经纬仪或全站仪等传统测量工具检测塔身塔体的变形量，这种方式虽然具有可操作性，但也存在工序复杂、自动化程度低、工作强度大等诸多弊端（陈强强，2018）。因此，探讨一种可实现高精度、连续、动态、实时、远程的建筑塔式起重机塔身智能检测技术具有现实意义。由于卫星定位技术具有全天候、连续性、高精度、可实现动态定位等优点（王坚等，2017），利用卫星定位技术代替人工周期巡检方式对建筑塔式起重机塔身进行健康安全检测，将是一种全新的智能自动化检测技术，即可节约大量人力、物力成本，又可实时高精度动态检测塔体安全。目前，以美国的全球定位系统（Global Positioning System，GPS）为代表的卫星定位技术在大型水利桥梁等工程领域的变形监测应用广泛（WANG Wei et al.，2006；YI T. et al.，2013；SEOK Been Im et al.，2013；VAZQUEZ B G E et al.，2017），但是将卫星定位技术应用于各种塔类健康安全检测的研究还很少。因此，本章针对当前人工周期安全巡检手段存在的诸多弊端，研发一种基于卫星定位的建筑塔式起重机塔顶位置智能检测模型，从检测参数设计和预警参数设计两个角度，验证塔顶位置卫星定位智能检测模型设计的可行性和有效性。

4.2　塔顶位置卫星定位智能检测技术

本章利用卫星定位高精度载波相位观测量进行智能检测建筑塔式起重机塔顶的三维无规则运动轨迹特征，提出一种基于卫星定位的建筑塔式起重机塔顶位置智能检测技术。基于卫星定位的建筑塔式起重机塔顶位置智能检测原理如图 4-1 所示。其中，基准站架设在视野开阔的施工现场，检测站固定于建筑塔式起重机塔顶位置，用于实时动态检测建筑塔式起重机塔身主体结构的非线性三维位移量和建筑塔式起重机塔身垂直度参数。

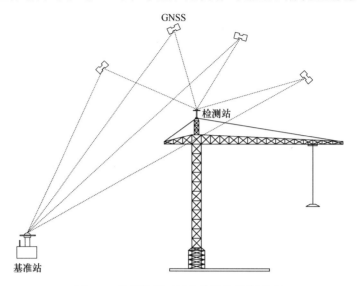

图 4-1　塔顶位置卫星定位智能检测原理

根据图 4-1 所示，假设基准站和检测站 d 在某一历元时刻同步观测的导航卫星数为 n^j，且以同步观测的导航卫星高度角最大的 j 作为参考卫星，则针对施工现场短基线情况下可列出 n^j-1 个单历元双差载波相位观测方程，其所对应的误差方程用矩阵形式表示为：

$$V = A \cdot \delta X_d + B \cdot \nabla\Delta N + \nabla\Delta L \tag{4-1}$$

式 中，$V = \begin{bmatrix} v^1 & v^2 & \cdots & v^{n^j-1} \end{bmatrix}^T$，$\delta X_d = \begin{bmatrix} \delta x_d & \delta y_d & \delta z_d \end{bmatrix}^T$，$A = \dfrac{1}{\lambda} \cdot$

$\begin{bmatrix} \Delta l_d^1 & \Delta m_d^1 & \Delta n_d^1 \\ \Delta l_d^2 & \Delta m_d^2 & \Delta n_d^2 \\ \vdots & \vdots & \vdots \\ \Delta l_d^{n^j-1} & \Delta m_d^{n^j-1} & \Delta n_d^{n^j-1} \end{bmatrix}$，$B = \begin{bmatrix} 1 & 0 & \cdots & 0 \\ 0 & 1 & \cdots & 0 \\ \vdots & \vdots & \ddots & \vdots \\ 0 & 0 & \cdots & 1 \end{bmatrix}$，$\nabla\Delta N = \begin{bmatrix} \nabla\Delta N^1 & \nabla\Delta N^2 & \cdots & \nabla\Delta N^{n^j-1} \end{bmatrix}^T$，

$\nabla\Delta L = \begin{bmatrix} \nabla\Delta L^1 & \nabla\Delta L^2 & \cdots & \nabla\Delta L^{n^j-1} \end{bmatrix}^T$。

根据式（4-1）可知，一旦 $\nabla\Delta N$ 快速确定，则由最小二乘参数估计原则 $V^T P V = \min$ 可以获得如下检测结果：

$$\begin{cases} \delta\hat{X}_d = -(A^T P A)^{-1} \cdot A^T P (B \cdot \nabla\Delta N + \nabla\Delta L) \\ \hat{X}_d = X_d^0 + \delta\hat{X}_d \\ Q_{\hat{X}_d} = Q_{\delta\hat{X}_d} = (A^T P A)^{-1} \end{cases} \tag{4-2}$$

式中，$\hat{X}_d$、$Q_{\hat{X}_d}$ 分别为检测站 d 单历元定位的参数估值及其协因数阵；X_d^0 为检测站 d

的待估参数初值；$\delta \hat{\boldsymbol{X}}_d$、$\boldsymbol{Q}_{\delta \hat{X}_d}$ 分别为检测站 d 单历元定位的参数改正数及其协因数阵；$\boldsymbol{P}$ 为单历元双差观测值的权矩阵（王坚等，2017），即：

$$\boldsymbol{P} = \frac{1}{2} \cdot \frac{1}{\sigma^2} \cdot \frac{1}{n^j} \begin{bmatrix} n^j-1 & -1 & \cdots & -1 \\ -1 & n^j-1 & \cdots & -1 \\ \vdots & \vdots & \ddots & \vdots \\ -1 & -1 & \cdots & n^j-1 \end{bmatrix} \tag{4-3}$$

式中，σ 为载波相位观测量的单位权中误差。

针对式（4-2）中 $\nabla \Delta \boldsymbol{N}$ 参数的快速确定算法研究，国内外专家学者做了很多研究工作，提出了诸多种算法，例如 LAMBDA 算法、DUFCOM 算法、单历元 DC 算法、FARSE 算法等，各个算法各有优势，具体算法请参见第 2 章 2.4 节介绍。本章以 GPS 系统双频数据为例，采用 FARSE 算法快速确定 $\nabla \Delta \boldsymbol{N}$。其中，FARSE 算法流程如图 2-11 所示。

4.3　塔顶卫星定位智能检测预警模型设计

建筑塔式起重机塔身主要由各个标准节依次螺栓链接形成主体柱形，在吊装作业、风力等复杂荷载作用下，具有非线性无规则的空间三维位移摇摆特征（张立强等，1995；宋世军等，2014；杜赫等，2017）。目前，《施工现场塔式起重机检验规则》DB11/611—2008 以规定的载荷作用于指定位置时产生弹性变形的结构在某一位置处的静位移值来表征塔式起重机的静态刚性，以满载情况下吊重处于最低位置时系统的最低阶固有频率来表征塔式起重机的动态刚性；鉴于卫星定位具有高精度三维定位优势，提出利用卫星定位技术智能动态检测建筑塔式起重机塔顶非线性空间三维位移及其方位参数和塔身垂直度全圆检测，将是一种全新的智能自动化检测技术。

4.3.1　检测参数设计

假设在建筑塔式起重机塔顶安装 GNSS 检测站，不妨假设第 n 个检测历元的北向、东向及天顶向的三维检测结果用 (x_n, y_n, H_n) 表示，设计构造一种基于历元位置偏差的塔式起重机塔顶三维位移检测参数 P_n，包括北向参数 ΔN_n、东向参数 ΔE_n 和天顶向参数 ΔU_n：

$$P_n = \begin{cases} \Delta N_n = x_n - M_x，北向 \\ \Delta E_n = y_n - M_y，东向 \\ \Delta U_n = H_n - M_H，天顶向 \end{cases} \tag{4-4}$$

式中，$(\Delta N_n, \Delta E_n, \Delta U_n)$ 为建筑塔式起重机塔顶第 n 个历元（$n>1$ 且为整数）的历元位置在北向、东向及天顶向的三维位移偏差量；(M_x, M_y, M_H) 为一种基于历史历元累积位移的北向、东向及天顶向的算术平均值，可按式（4-5）计算：

$$\begin{cases} M_x = \dfrac{1}{n-1} \cdot \displaystyle\sum_{i=1}^{n-1} x_i \\[4mm] M_y = \dfrac{1}{n-1} \cdot \displaystyle\sum_{i=1}^{n-1} y_i \\[4mm] M_H = \dfrac{1}{n-1} \cdot \displaystyle\sum_{i=1}^{n-1} H_i \end{cases} \tag{4-5}$$

基于式（4-4）中北向参数 ΔN_n、东向参数 ΔE_n 和天顶向参数 ΔU_n，设计构造一种基于历元位置偏差的塔式起重机塔顶平面偏心量参数及其对应的偏心方位角参数，用于分析塔式起重机塔顶在平面上的运动轨迹特征（宋世军等，2014）。其中，平面偏心量参数及其对应的偏心方位角参数按下式计算：

$$\rho_{P_n} = \sqrt{(\Delta N_n)^2 + (\Delta E_n)^2} \tag{4-6}$$

$$\alpha_{P_n} = \arctan\left(\frac{\Delta E_n}{\Delta N_n}\right) \tag{4-7}$$

式中，ρ_{P_n}、α_{P_n} 分别为塔式起重机塔顶在第 n 个历元（$n>1$ 且为整数）的平面偏心量参数及其对应的偏心方位角参数。

根据建筑塔式起重机塔身垂直度的定义（高斌，2014），利用塔顶 GNSS 检测站检测第 n 个历元（$n>1$ 且为整数）的建筑塔式起重机垂直度参数及其对应的倾斜角参数按下式计算：

$$\begin{cases} I_{P_n} = \dfrac{\rho_{P_n}}{h} \\[4mm] \phi_{P_n} = \arctan\left(\dfrac{\rho_{P_n}}{h}\right) \end{cases} \tag{4-8}$$

式中，I_{P_n}、ϕ_{P_n} 分别为第 n 个历元（$n>1$ 且为整数）的建筑塔式起重机垂直度参数及其对应的倾斜角参数；h 为建筑塔式起重机的塔身高度。

4.3.2 预警参数设计

根据建筑塔顶智能动态检测参数设计的思路，将式（4-5）代入式（4-4），并假设塔顶 GNSS 检测站每个历元的检测结果是等权观测，根据误差传播定律，并以中误差的倍数确定为预警临界阈值。本文设计构造的塔式起重机塔顶三维位移检测预警参数按下式确定（当 $n \to \infty$）：

$$T^{\mathrm{P}_n} = \begin{cases} \Delta N_{\mathrm{P}_n} = \pm k \times \sqrt{\dfrac{n}{n-1}} \times \sqrt{a_{水平}^2 + (b_{水平} \cdot h)^2} = \pm k \times \sqrt{a_{水平}^2 + (b_{水平} \cdot h)^2}, \text{北向} \\[3mm] \Delta E_{\mathrm{P}_n} = \pm k \times \sqrt{\dfrac{n}{n-1}} \times \sqrt{a_{水平}^2 + (b_{水平} \cdot h)^2} = \pm k \times \sqrt{a_{水平}^2 + (b_{水平} \cdot h)^2}, \text{东向} \\[3mm] \Delta U_{\mathrm{P}_n} = \pm k \times \sqrt{\dfrac{n}{n-1}} \times \sqrt{a_{垂直}^2 + (b_{垂直} \cdot h)^2} = \pm k \times \sqrt{a_{垂直}^2 + (b_{垂直} \cdot h)^2}, \text{天顶方向} \end{cases}$$

$$(4\text{-}9)$$

式中，a、b 分别为塔顶 GNSS 检测站接收机的固定误差和比例误差；h 为建筑塔式起重机的塔身高度；k 为以中误差的倍数确定为预警临界系数；T^{P_n} 为塔式起重机塔顶三维位移检测预警参数，包括北向预警参数 ΔN_{P_n}、东向预警参数 ΔE_{P_n} 和天顶向预警参数 ΔU_{P_n}。根据式（4-4），当塔式起重机塔顶三维位移检测参数 $\Delta N_n > \Delta N_{\mathrm{P}_n}$ 或 $\Delta E_n > \Delta E_{\mathrm{P}_n}$ 或 $\Delta U_n > \Delta U_{\mathrm{P}_n}$ 时，则进行塔式起重机塔顶北向或东西或天顶向位移预警提示。

通过对建筑塔式起重机垂直度参数 I_{P_n} 的全圆智能检测与分析，由《塔式起重机》GB/T 5031—2019 可知，当 I_{P_n} 大于某预警阈值 $I_{\mathrm{P}_n} = m \times 0.4\%$ 时，则进行建筑塔式起重机暂缓吊装作业的告警提示，其中 m 为建筑塔式起重机垂直度预警系数。

4.4　试验测试与分析

4.4.1　方案设计

为验证与分析基于卫星定位的建筑塔式起重机塔顶智能检测模型设计的可行性和有效性，于 2017 年 11 月 21 日在北京某大型遗址保护建筑工程的大型建筑塔式起重机塔顶上固定安装了 1 台国内某品牌的接收机作为检测站，并于施工现场视野开阔地架设了 1 台相同品牌的接收机作为基准站，建筑塔式起重机为垂头型。其中，两台接收机的平面动态测量标称精度为 10mm+1ppm、高程动态测量标称精度为 20mm+1ppm，采样间隔均设置为 1s，卫星截止高度角设置为 15°，检测站与基准站之间的高差约在 30m，建筑塔式起重机塔身高度 h=67.124m。本节算例分析以 GPS 为例，数据处理软件采用笔者自主开发的建筑塔式起重机精准管控系统（简称：TCMS）进行单历元 PPK 处理（周命端等，2019）。选取连续 5min 共 300 个检测历元进行统计与分析，其中 1～300 历元为塔式起重机塔臂做小角度的顺、逆时针回转运行。

4.4.2　检测站精度评估

为验证与分析基于卫星定位的智能动态检测模型的检测结果，所选取的连续 5min 共计 300 个检测历元（其中 $PDOP$=1.7～1.8）进行统计与分析，获得了塔式起重机顶部检测站的平面轨迹动态检测图（图 4-2）以及高程轨迹动态检测图（图 4-3）。

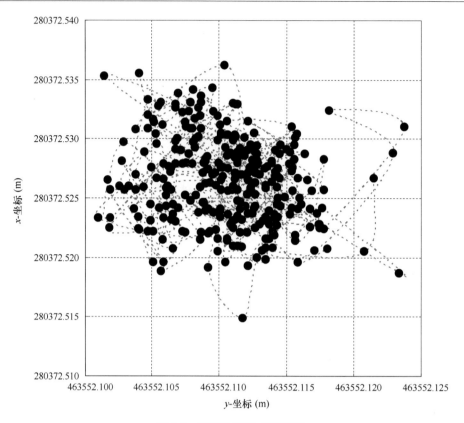

图 4-2　平面轨迹动态检测图

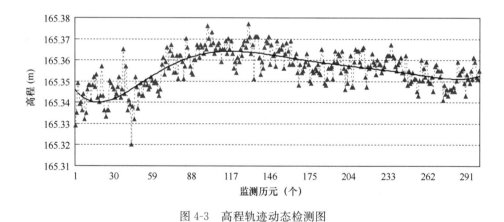

图 4-3　高程轨迹动态检测图

从图 4-2、图 4-3 可以看出，对所选取的 5min 共 300 个历元的检测结果进行统计与分析，获得了塔式起重机顶部检测站基于轨迹信息的数值统计结果见表 4-1 所示。

塔式起重机顶部检测站轨迹数据统计结果　　　　　　　　　　　　　表 4-1

指标项	平面		高程（m）
	x-坐标（m）	y-坐标（m）	
最大值	＊372.5362	＊552.1238	165.3771
最小值	＊372.5149	＊552.1010	165.3201

指标项	平面		高程（m）
	x-坐标（m）	y-坐标（m）	
平均值	*372.5264	*552.1106	165.3553
最大值与最小值的较差值	0.0213	0.0228	0.0570

注：" * "表示省略数字。

从表 4-1 可以看出，塔式起重机顶部检测站对所选取的 5min 共 300 个历元的检测结果在平面 x 方向上的最大较差值为 2.13cm、平面 y 方向上的最大较差值为 2.28cm，在高程方向上的最大较差值为 5.70cm。

为进一步评估与分析本文给出的基于卫星定位的塔式起重机塔顶智能动态检测模型的检测精度，对所选取的连续 5min 共计 300 个历元的检测精度从平面中误差（RMS）及高程中误差（RMS）两方面进行时间序列分析如图 4-4 所示。

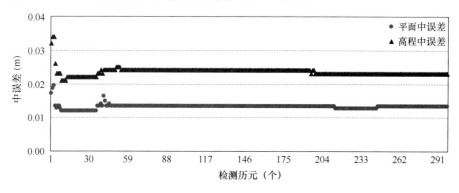

图 4-4　检测站平面中误差及高程中误差

从图 4-4 可以看出，对所选取的 5min 共 300 个历元的检测精度（RMS）进行统计与分析，获得了平面中误差（RMS）在 0.012～0.019m 范围内（平面中误差 RMS 平均值＝0.013m），高程中误差（RMS）在 0.021～0.034m 范围内（高程中误差 RMS 平均值＝0.024m）。其中，300 个连续检测历元的 $\nabla\Delta N$ 双差整周模糊度可靠性检验 Ratio≥3 的成功率为 100％。

4.4.3　塔顶三维位移检测预警分析

为验证与分析塔式起重机塔顶智能动态检测模型设计的正确性和可行性，笔者根据本文设计的建筑塔式起重机塔顶检测参数及预警参数的计算公式，对连续 5min 共 300 个历元的检测结果所形成的检测参数和预警参数结果进行统计与分析。其中，在本算例分析中取 $k=4$，$m=0.5$。图 4-5（a）～（c）依次给出了塔式起重机塔顶三维位移检测参数以及对应的预警参数的时间序列分析图。

从图 4-5 可以看出，建筑塔式起重机在塔臂做小角度的顺、逆时针回转运行时的北向参数、东向参数的检测结果均在 ±0.04m 以内，即在北向、东向预警参数值范围之内；建筑塔式起重机塔顶天顶向参数的检测结果在 ±0.08m 以内，即在天顶向预警参数值范围之内。

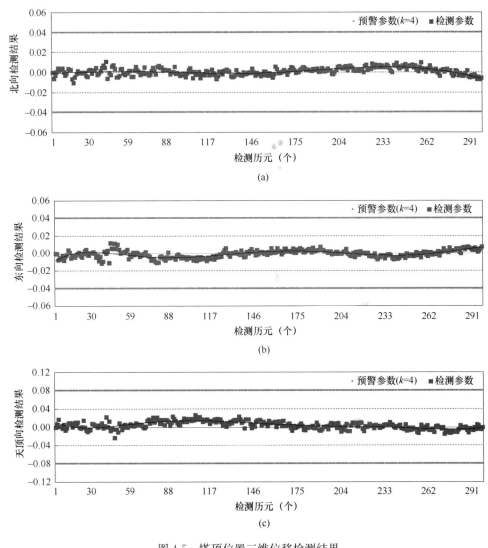

图 4-5 塔顶位置三维位移检测结果

（a）北向；（b）东向；（c）天顶向

为进一步检测与分析检测站在塔式起重机塔顶的平面轨迹运动特征，由式（4-8）的建筑塔式起重机垂直度参数及其对应的倾斜角参数计算方法，笔者对连续 5min 的 300 个历元的检测结果进行统计与分析，获得了建筑塔式起重机塔顶检测站的南北向偏心量和东西向偏心量的全圆检测结果如图 4-6 所示，建筑塔式起重机垂直度实时检测结果时间序列如图 4-7 所示。

从图 4-6 可以看出，针对连续 5min 的 300 个检测历元在东西向（W-E）上偏心量的最大值为 0.012m，对应的偏心方位角 $\alpha_{P_{40}} = 118°25'27''$，平均值为 0.001m；在南北向（N-S）上偏心量的最大值为 0.011m，对应的偏心方位角 $\alpha_{P_{39}} = 314°48'55''$，平均值为 0.001m；平面偏心量参数最大值 $\rho_{P_{39}} = 0.015m$，对应的偏心方位角参数是 $\alpha_{P_{39}} = 314°48'55''$。

从图 4-7 可以看出，针对连续 5min 的 300 个检测历元的建筑塔式起重机垂直度检测

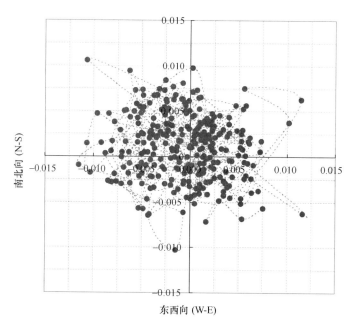

图 4-6　检测站平面运动轨迹特征分析

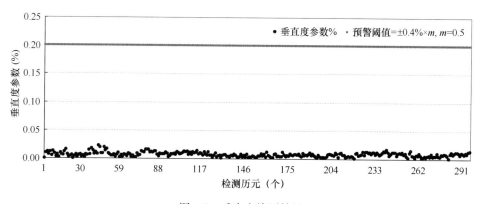

图 4-7　垂直度检测结果

结果时间序列统计分析发现：垂直度最大值为 $I_{P_{39}} = 0.022\%$，对应的倾斜角参数 $\phi_{P_{39}} = 0°00'48''$；若取预警系数 $m = 0.5$，则这 300 个检测历元的垂直度全圆检测结果均在预警阈值范围内。

4.5　本章小结

　　本章针对建筑塔式起重机塔身健康安全检测目前采用传统的人工周期巡检方式存在的诸多弊端，研发了一种基于卫星定位的建筑塔式起重机塔顶智能检测预警模型，提出了一种基于历元位置偏差的塔顶位置三维位移检测参数及预警参数构造方法，建立建筑塔式起重机垂直度全圆智能检测技术，研发了一种建筑塔式起重机塔顶位置卫星定位智能检测预警技术。通过工程试验的数据采集和处理的检测结果分析表明：利用卫星定位智能检测模型解算获得了平面精度优于 2cm、高程精度优于 4cm 的动态检测结果（周命端等，2021）。基于该检测结果从检测参数设计和预警参数设计两个角度验证了塔顶位置卫星定位智能检测模型设计的正确性和可行性。本章方法可为建筑塔式起重机抗倾翻稳定性智能检测提供一种实时算法。值得说明的是，因受塔式起重机塔身最大挠度、塔身材质等多种综合因素的影响，预警临界系数 k 和垂直度预警系数 m 的精确确定有待深入研究，后续将从提示、预警、断电报警等三个等级建立预警系数确定机制。

第5章 臂尖卫星定位动态监测预警模型

本章开发一种建筑塔式起重机臂尖位置卫星定位动态监测预警技术，研发基于卫星定位的建筑塔式起重机臂尖位置动态监测预警模型，提出一种基于历元位置偏差的臂尖垂向位移监测参数及预警参数构造方法，从监测参数设计和预警参数设计两个角度验证臂尖位置卫星定位动态监测预警模型设计是行之有效的。

5.1 提出背景

鉴于建筑塔式起重机操作人员不规范操作或政府监管部门监管力度松弛，在吊装作业运行过程中存在诸多安全隐患，导致建筑塔式起重机主体结构坍塌、断臂等事故频发。目前，由《施工现场塔式起重机检验规则》DB11/611—2008 可知，建筑塔式起重机结构（塔身或塔臂）健康监测的主要方式是传统的人工周期巡检，通过用肉眼结合经纬仪或全站仪等传统测量工具测量塔体结构的变形量，这种方式虽简单有效，但也存在诸多弊端（陈强强，2018）。以 GPS 为代表的全球卫星导航定位系统（GNSS）具有全天候、连续性、高精度、可实现动态定位等优点（李征航等，2010；王坚等，2017；周命端等，2019；白正伟等，2019），利用卫星定位技术代替人工周期巡检方式对建筑塔式起重机进行健康监测，势必是一种行之有效的手段，即可节约大量人力、物力成本，又可实时高精度动态监测建筑塔式起重机吊装作业的安全。因此，将卫星定位技术应用于建筑塔式起重机臂尖位置动态监测与预警领域，基于卫星定位单历元模型与算法，研发一种基于卫星定位的建筑塔式起重机臂尖位置动态监测与预警模型，通过工程实验验证臂尖位置卫星定位动态监测与预警模型设计的可行性和有效性。

5.2 臂尖位置卫星定位动态监测技术

本章利用卫星定位高精度载波相位观测值进行动态监测建筑塔式起重机臂尖位置在摆臂过程中的垂向位移，提出基于卫星定位的建筑塔式起重机监测技术。基于卫星定位的建筑塔式起重机臂尖位置动态监测原理如图 5-1 所示。其中，基准站（Base Station）架设在视野开阔的施工现场，某一监测站（Rover Station）架设于建筑塔式起重机塔臂尖端，用于动态监测建筑塔式起重机塔臂在摆臂过程中的垂向位移。

根据图 5-1 所示，针对卫星截止高度角（一般设置为 $15°$）以上的卫星信号观测窗口，假设基准站和监测站（用下标"S"表示）在某一观测历元同步观测的导航卫星数为 n^d，

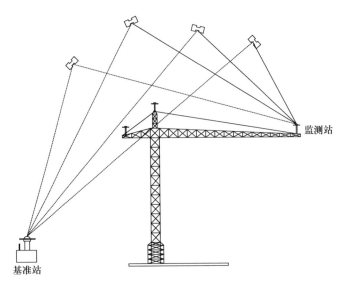

图 5-1　臂尖位置卫星定位动态监测原理

且以同步观测的导航卫星高度角最大的卫星 d 作为基准卫星，在针对车辆位置监控实验教学现场短基线（监测站与基准站之间形成的基线长度不超过 $10\sim15\text{km}$）情况下，可以列出 n^d-1 个单历元双差载波相位观测方程，其所对应的误差方程用矩阵形式为：

$$V = A \cdot \delta X_S + B \cdot \nabla\Delta N + \nabla\Delta L \tag{5-1}$$

式中，$V = \begin{bmatrix} v^1 & v^2 & \cdots & v^{n^d-1} \end{bmatrix}^{\text{T}}$ 为观测值改正数矩阵；$\delta X_S = \begin{bmatrix} \delta x_S & \delta y_S & \delta z_S \end{bmatrix}^{\text{T}}$ 为监测站单历元定位的坐标参数改正数矩阵；$\nabla\Delta L = \begin{bmatrix} \nabla\Delta L^1 & \nabla\Delta L^2 & \cdots & \nabla\Delta L^{n-1} \end{bmatrix}^{\text{T}}$ 为双差观测值常数项矩阵；A 和 B 为系数矩阵，$A = \dfrac{1}{\lambda} \cdot \begin{bmatrix} \Delta l_S^1 & \Delta m_S^1 & \Delta n_S^1 \\ \Delta l_S^2 & \Delta m_S^2 & \Delta n_S^2 \\ \vdots & \vdots & \vdots \\ \Delta l_S^{n^d-1} & \Delta m_S^{n^d-1} & \Delta n_S^{n^d-1} \end{bmatrix}$，$B = \begin{bmatrix} 1 & 0 & \cdots & 0 \\ 0 & 1 & \cdots & 0 \\ \vdots & \vdots & \ddots & \vdots \\ 0 & 0 & \cdots & 1 \end{bmatrix}$；$\nabla\Delta N = \begin{bmatrix} \nabla\Delta N^1 & \nabla\Delta N^2 & \cdots & \nabla\Delta N^{n^d-1} \end{bmatrix}^{\text{T}}$ 为双差整周模糊度参数矩

阵，若 $\nabla\Delta N$ 快速确定为已知值，则由最小二乘参数估计器 $V^{\text{T}}PV = \min$ 可以解算监控站的位置参数信息，建立的高精度单历元定位与精度评定模型为：

$$\begin{cases} \hat{X}_S = X_S^0 + \delta\hat{X}_S = X_S^0 - (A^{\text{T}}PA)^{-1} \cdot A^{\text{T}}P(B \cdot \nabla\Delta N + \nabla\Delta L) \\ D_{\hat{X}_S} = \sigma_0^2 \cdot Q_{\hat{X}_S} = \sigma_0^2 \cdot Q_{\delta\hat{X}_S} \end{cases} \tag{5-2}$$

式中，$\hat{X}_S$、$D_{\hat{X}_S}$ 和 $Q_{\hat{X}_S}$ 分别为监测站单历元监测的位置参数估值及其相应的方差阵和协因数阵；X_S^0 为监测站的待估位置参数初值；P 为双差载波相位观测值的权矩阵，参见公式（4-3）；σ_0^2 为载波相位观测值的验前单位权方差因子（本章设置 $\sigma_0^2 = 1$）；$\delta\hat{X}_S$ 和 $Q_{\delta\hat{X}_S}$ 为

监测站单历元监测的位置参数改正数及其对应的协因数阵，$\boldsymbol{Q}_{\delta\hat{X}_S} = (\boldsymbol{A}^T\boldsymbol{PA})^{-1} =$

$$\begin{bmatrix} q_{\delta r_S\delta r_S} & q_{\delta r_S\delta y_S} & q_{\delta r_S\delta z_S} \\ q_{\delta y_S\delta r_S} & q_{\delta y_S\delta y_S} & q_{\delta y_S\delta z_S} \\ q_{\delta z_S\delta r_S} & q_{\delta z_S\delta y_S} & q_{\delta z_S\delta z_S} \end{bmatrix}_{\text{GNSS系}}$$ ，q 为 GNSS 空间坐标系下相应的协因数阵元素。

对于监测站的位置精度衰减因子（Position Dilution Of Precision，PDOP），可以由位置参数改正数协因数阵 $\boldsymbol{Q}_{\delta\hat{X}_S}$ 中对角元素计算为：

$$PDOP = \sqrt{q_{\delta r_S\delta r_S} + q_{\delta y_S\delta y_S} + q_{\delta z_S\delta z_S}} \tag{5-3}$$

若采用站心坐标系中的表达形式衡量监测站位置分量精度，针对站心坐标系下监测站点位坐标的协因数矩阵用 $\boldsymbol{Q}_M$ 表示，对应的协因数阵元素用 p 表示，则由方差－协方差传播律可得：

$$\boldsymbol{Q}_M = \boldsymbol{R}^T\boldsymbol{Q}_{\delta\hat{X}_S}\boldsymbol{R} = \begin{bmatrix} p_{\delta N_S\delta N_S} & p_{\delta N_S\delta E_S} & p_{\delta N_S\delta U_S} \\ p_{\delta E_S\delta N_S} & p_{\delta E_S\delta E_S} & p_{\delta E_S\delta U_S} \\ p_{\delta U_S\delta N_S} & p_{\delta U_S\delta E_S} & p_{\delta U_S\delta U_S} \end{bmatrix}_{\text{站心系}} \tag{5-4}$$

式中，$\boldsymbol{R} = \begin{bmatrix} -\sin B_0\cos L_0 & -\sin B_0\sin L_0 & \cos B_0 \\ -\sin L_0 & \cos L_0 & 0 \\ \cos B_0\cos L_0 & \cos B_0\sin L_0 & \sin B_0 \end{bmatrix}$，$B_0$ 和 L_0 分别为监控站点位置对应的大地纬度和大地经度。

针对式（5-2）中 $\nabla\Delta N$ 参数的快速确定算法研究，本章以 GNSS 系统双频数据为例，采用 FARSE 算法快速确定 $\nabla\Delta N$。其中，FARSE 算法流程如图 2-11 所示。

5.3　臂尖卫星定位动态监测预警模型设计

建筑塔式起重机臂尖主要由钢结构构成类似三棱柱体形状，在摆臂、风力、吊装等复杂荷载作用下，具有非线性无规则的垂向位移特征。本节提出应用卫星定位技术动态监测建筑塔式起重机臂尖非线性无规则垂向位移，将是一种全新的健康监测手段。

5.3.1　监测参数设计

若在建筑塔式起重机塔臂尖端安装卫星定位监测站，不妨假设第 n 个监测历元的北向、东向坐标及天顶向高程用 (x_n, y_n, H_n) 表示，则建筑塔式起重机塔臂长度为：

$$l_n = \sqrt{(x_n - x_0)^2 + (y_n - y_0)^2} \tag{5-5}$$

式中，l_n 为第 n 个监测历元建筑塔式起重机的塔臂长度；(x_0, y_0) 为建筑塔式起重机塔身主体结构的中心平面位置。

基于天顶向高程 H_n 及塔臂长度 l_n，设计构造一种基于历元位置偏差的塔臂尖端垂向位移监测参数，包括高程参数及长度参数。

$$\left.\begin{array}{l} \Delta U_n = H_n - M_{\mathrm{H}}, \text{天顶向} \\ \Delta l_n = l_n - M_{\mathrm{l}}, \text{臂长向} \end{array}\right\} \quad (5\text{-}6)$$

式中，ΔU_n 为建筑塔式起重机臂尖第 n 个历元（$n > 1$ 且为整数）的历元位置在天顶向的高程偏差量；Δl_n 为建筑塔式起重机臂尖第 n 个历元（$n > 1$ 且为整数）的历元位移在臂长向的长度偏差量；M_{H} 和 M_{l} 分别为一种基于历史历元累积位移的天顶向和臂长向的算术平均值，可以采用式（5-7）计算。

$$\left.\begin{array}{l} M_{\mathrm{H}} = \dfrac{1}{n-1} \cdot \sum_{i=1}^{n-1} H_i \\ M_{\mathrm{l}} = \dfrac{1}{n-1} \cdot \sum_{i=1}^{n-1} l_i \end{array}\right\} \quad (5\text{-}7)$$

5.3.2 预警参数设计

根据建筑塔式起重机臂尖动态监测参数的设计思路，将式（5-7）式代入式（5-6），并假设每个监测历元的定位结果是等权观测，根据误差传播定律，并以 2～3 倍中误差确定为预警临界阈值，设计构造的臂尖垂向位移监测预警参数按下式确定（当 $n \to \infty$）：

$$\left.\begin{array}{l} \Delta U_n^{\mathrm{P}} = \pm \left[C \times l - k \times \sqrt{\dfrac{n}{n-1}} \times \sqrt{a_{\text{垂直}}^2 + (b_{\text{垂直}} \cdot l)^2} \right] \\ \qquad = \pm \left[C \times l - k \times \sqrt{a_{\text{垂直}}^2 + (b_{\text{垂直}} \cdot l)^2} \right], \text{H 方向} \\ \Delta l_n^{\mathrm{P}} = \pm k \times \sqrt{\dfrac{n}{n-1}} \times \sqrt{2} \times \sqrt{a_{\text{水平}}^2 + (b_{\text{水平}} \cdot l)^2} \\ \qquad = \pm k \times \sqrt{2} \times \sqrt{a_{\text{水平}}^2 + (b_{\text{水平}} \cdot l)^2}, \text{臂方向} \end{array}\right\} \quad (5\text{-}8)$$

式中，a，b 分别为塔顶 GPS 监测站接收机的固定误差和比例误差；l 为建筑塔式起重机的塔臂长度；k 为以 2～3 倍中误差确定为预警临界系数，$k = 2\text{~}3$；ΔU_n^{P} 为塔臂动态监测天顶向高程预警参数；Δl_n^{P} 为塔臂动态监测臂长预警参数；C 为建筑塔式起重机塔臂垂向系数，由《施工现场塔式起重机检验规则》DB11/611—2008 可知，$C = 0.2\% \text{~} 0.4\%$。根据式（5-6），当塔臂尖端垂向位移监测的高程参数 $\Delta U_n > \Delta U_n^{\mathrm{P}}$ 或长度参数 $\Delta l_n > \Delta l_n^{\mathrm{P}}$ 时，则进行塔臂垂向位移预警提示。

5.4 试验测试与分析

5.4.1 方案设计

为验证与分析基于卫星定位的建筑塔式起重机臂尖动态监测与预警模型设计的可行性和有效性，于 2017 年 11 月 21 日在北京某大型遗址保护建筑工程的大型建筑塔式起重机塔臂尖端上安装了 1 台国内某品牌的 GPS 接收机作为监测站，并于施工场地视野开阔地架设了 1 台相同品牌的 GPS 接收机作为基准站。其中，两台接收机的采样间隔均设置为 1s，卫星截止高度角设置为 15°，基准站与流动站之间的高差约在 30m，建筑塔式起重机塔身高度 $h=67.124$m，建筑塔式起重机塔臂长度 $l=66.587$m，建筑塔式起重机塔身主体中心平面位置为（$x_0=*0382.2812$m，$y_0=*3554.4645$m，"*"表示省略数字），建筑塔式起重机为垂头型。建筑塔式起重机处于摆臂且微风状态运行情况下进行工程试验卫星定位数据采集，卫星定位数据处理采用自主开发的建筑塔式起重机精准管控系统（简称：TCMS）进行单历元 PPK 处理。选择连续 10min 共 600 个监测历元进行统计与分析，其中 1～206 历元为顺时针摆臂圆周运动状态，207～389 历元为顺时针摆臂制动、静止、改变方向运行状态，390～600 历元为逆时针摆臂圆周运动状态。

5.4.2 单历元定位精度评估

为验证与分析基于卫星定位的单历元快速定位模型的定位情况，选取 GPS 系统的连续 10 min 的 600 个监测历元（其中 $PDOP=1.5～1.9$）进行统计分析，获得了塔臂尖端卫星定位的平面轨迹动态监测图（图 5-2）、高程轨迹动态监测图（图 5-3）以及塔臂长度动态监测图（图 5-4）。

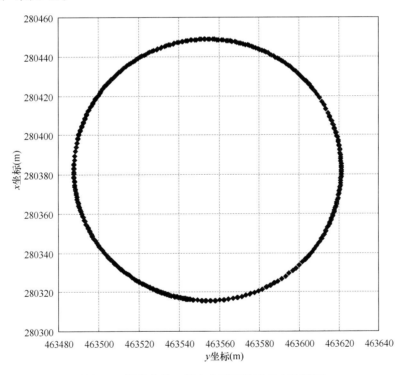

图 5-2 塔臂尖端卫星定位平面轨迹动态监测图

为进一步评估与分析本章给出的塔臂尖端卫星定位单历元快速定位模型的监测精度，对连续 10min 的 600 个监测历元的定位精度从平面中误差及高程中误差两方面进行时间序列分析，如图 5-5 所示。

从图 5-5 可以看出，对 600 个连续监测历元的中误差进行统计与分析，平面中误差为

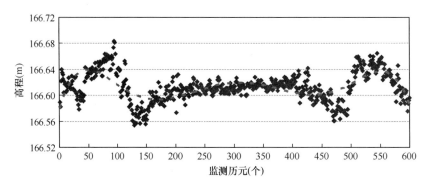

图 5-3 塔臂尖端卫星定位高程轨迹动态监测图

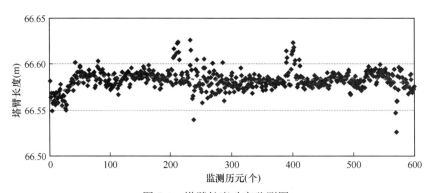

图 5-4 塔臂长度动态监测图

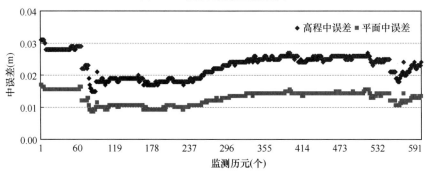

图 5-5 单历元快速定位模型的平面中误差及高程中误差

$0.009\sim0.017\text{m}$，高程中误差为 $0.015\sim0.031\text{m}$。其中，600 个连续监测历元的 $\nabla\Delta N$ 双差整周模糊度可靠性检验 $Ratio\geqslant3$ 的成功率为 100%。

5.4.3 臂尖垂向位移监测预警分析

为验证与分析塔臂尖端动态监测预警模型设计的正确性，根据本章设计的建筑塔式起重机监测参数及预警参数的计算公式，对连续 10min 的 600 个历元的监测预警结果进行统计与分析。图 5-6（a）和图 5-6（b）依次给出了臂尖天顶向高程监测及臂长向长度监测预警参数的时间序列图。

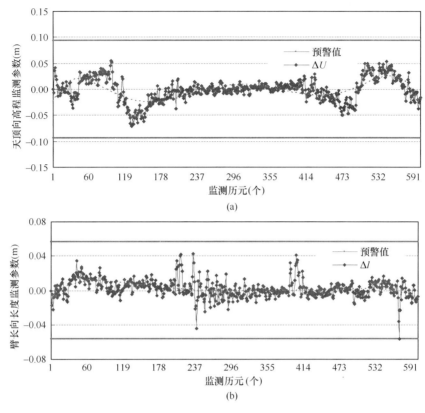

图 5-6　臂尖垂向位移监测预警分析

（a）天顶向高程监测；（b）臂长向长度监测

从图 5-6 可以看出，建筑塔式起重机在微风状态下摆臂运行，建筑塔式起重机臂尖垂直位移高程监测参数均在 ±0.093m 以内，即在天顶向高程预警值（$\Delta U_n^{\mathrm{P}} = \pm 0.093$m）范围之内；建筑塔式起重机臂尖长度监测参数均在 ±0.057m 以内，即在臂长向长度预警值（$\Delta l_n^{\mathrm{P}} = \pm 0.057$m）范围内。

5.5　本章小结

本章研发了一种基于卫星定位的建筑塔式起重机臂尖动态监测预警模型，基于最小二乘参数估计器的单历元快速定位模型，提出了一种基于历元位置偏差的臂尖垂向位移监测参数及预警参数构造方法，从监测参数设计和预警参数设计两个角度，构建了一种建筑塔式起重机臂尖卫星定位动态监测预警模型。通过工程试验数据采集与数据处理结果表明，利用本章建立的卫星定位单历元快递定位模型解算建筑塔式起重机臂尖位置参数可以获得平面精度优于 2cm 及高程精度优于 4cm 的定位结果（周命端等，2019）。基于该定位结果，从监测参数设计和预警参数设计两个角度，验证了本章构建的基于卫星定位的建筑塔式起重机臂尖动态监测预警模型的可行性和有效性，实现了建筑塔式起重机臂尖垂向位移实时监测及预警。

第6章 卫星定位智能监控装置与系统实现

本章开发一种建筑塔式起重机用卫星定位载波相位观测值的高精度智能监控服务技术。基于卫星定位智能监控模型与方法，给出单历元智能监控的数学模型和方法流程，然后，基于云端服务器技术，从系统总体设计、系统硬件装置和系统软件开发等方面，研制基于卫星定位的建筑塔式起重机智能监控装置与云端系统（GNSS_TCMS），为建筑塔式起重机安全监控提供一种云端在线精细化管理实验平台。

6.1　开发背景

作为一种广泛应用于建筑行业可大大提高施工效率的起重机械特种设备，建筑塔式起重机因具有吊装作业范围大、起吊高度高、回转幅度大、设备布设密集等特点备受建筑施工单位和安全生产监管部门关注（宋宇宙等，2012；Wei Wang et al.，2006）。然而，近年来建筑塔式起重机安全事故频发，迫使对建筑塔式起重机加强精细化管理和强化安全监控显得极其重要。随着物联网技术的不断发展，对建筑塔式起重机安全工作状态进行实时化、精准化、自动化的智能监控，并对建筑塔式起重机重要运行参数和工作状态进行记录和在线管理技术也在不断发展，建筑塔式起重机安全监控系统应运而生（《塔式起重机安全监控系统及数据传输规范》GB/T 37366—2019）。国外的 LIEBHERR 公司率先在塔式起重机上运用全参数监控系统，采用激光或磁场变换器实现高精度定位，CRANE 公司提出多种宽带接入技术开发了无线监视系统 WMS，TOTAIN 公司开发了微机辅助驾驶与保养系统（LIEBHERR et al，1997；余向阳，2012）。国内的宋宇宙等人（宋宇宙等，2012）针对传统有线的塔式起重机安全监控系统存在的问题，设计了一种基于 Zig Bee 技术和 GPRS 技术的塔式起重机无线安全监控系统，实现对塔式起重机群的在线监控和管理，减少了布线带来的一系列问题（陈娜娜等，2011）；余向阳等人（余向阳，2012）为监测报警塔式起重机的实时运行状态安全，记录塔式起重机运行过程中的工况参数，设计了基于 GPRS 通信模块、C8051F120 单片机为主体核心的远程监测系统的实现方案，为大范围的塔式起重机监测提供一种新思路；卢剑锋等人（卢剑锋等，2013）针对塔式起重机生产运行的安全，研发一种基于 OCS 系统的小型化、自动化、智能化、无线化和网络化的塔式起重机安全监控管理系统；李华政等人（李华政等，2013）为避免人工监管数据滞后、数据有限、主观性强等问题，开发了一款基于物联网的塔式起重机安全监管系统。综述国内外研究现状可知，国内比国外起步晚，对于如何提高塔式起重机关键点位监控精度和可靠性以及实现塔式起重机安全运行状态的精准监控的研究还很少。本章针对当前的建筑塔式起重机安全监控系统尚未使用卫星定位传感器或仅利用卫星定位伪距观测量的低精度监控服务技术，这难以满足建筑塔式起重机精准监控的高精度应用需求（周命端等，

2019)。因此，本章探讨一种利用卫星定位载波相位观测量的高精度监控服务技术，为建筑塔式起重机精准监控提供一种高精度实时智能算法，所研发的系统为建筑塔式起重机卫星定位智能监控提供一种云端在线精细化管理平台。

6.2　卫星定位智能监控模型与方法

众所周知，以美国的全球定位系统（GPS）为代表的全球卫星导航系统（GNSS）系统还包括中国的北斗卫星导航系统（Beidou Satellite Navigation System，BDS）、俄罗斯的格洛纳斯系统（Global Navigation Satellite System，GLONASS）和欧盟的伽利略卫星导航系统（Galileo）（李征航等，2010；王坚等，2017）。利用卫星定位高精度载波相位观测值精准监控建筑塔式起重机安全运行状态，提出一种基于卫星定位的建筑塔式起重机智能监控技术。卫星定位智能监控原理如图 6-1 所示。其中，1 台基准站架设在视野开阔的施工现场；2 台监控站分别固定安装于建筑塔式起重机的塔顶位置和臂尖位置，塔顶监控站用于动态监控建筑塔式起重机主体结构的非线性三维位移量和塔式起重机垂直度，臂尖监控站用于动态监控建筑塔式起重机塔臂在摆臂过程中的垂向位移和水平臂长变动量。

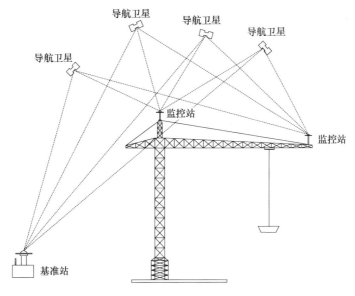

图 6-1　卫星定位智能监控原理

6.2.1　单历元智能监控数学模型

根据图 6-1 所示，假设基准站和某一监控站 m 在某一历元同步观测的导航卫星数为 n^k，且以同步观测的导航卫星在监控站 m 处高度角最大的卫星 k 作为参考导航卫星，则针对施工现场短基线情况下可列出 n^k-1 个单历元双差载波相位观测方程，其所对应的误差方程可用矩阵形式表示为：

$$V = A \cdot \delta X_{\mathrm{m}} + B \cdot \nabla\Delta N + \nabla\Delta L \tag{6-1}$$

式中，V 为观测值改正数矩阵，$V = \begin{bmatrix} v^1 & v^2 & \cdots & v^{n^{k-1}} \end{bmatrix}^{\mathrm{T}}$；$\delta X_{\mathrm{m}}$ 为某一监控站 m 单历元定位的坐标参数改正数矩阵，$\delta X_{\mathrm{m}} = \begin{bmatrix} \delta x_{\mathrm{m}} & \delta y_{\mathrm{m}} & \delta z_{\mathrm{m}} \end{bmatrix}^{\mathrm{T}}$；$\nabla\Delta N$ 为双差整周模糊度参数矩阵，$\nabla\Delta N = \begin{bmatrix} \nabla\Delta N^1 & \nabla\Delta N^2 & \cdots & \nabla\Delta N^{n^{k-1}} \end{bmatrix}^{\mathrm{T}}$；$\nabla\Delta L$ 为双差观测值常数项矩阵，$\nabla\Delta L = \begin{bmatrix} \nabla\Delta L^1 & \nabla\Delta L^2 & \cdots & \nabla\Delta L^{n^{k-1}} \end{bmatrix}^{\mathrm{T}}$，其中：$\nabla\Delta(\cdot)$ 为站星间的双差算子，$\nabla\Delta(\cdot) = \Delta(\cdot) - \Delta(\cdot)_{\mathrm{m}}$，$\Delta(\cdot)$ 为基准站处卫星间的单差算子，$\Delta(\cdot) = (\cdot) - (\cdot)^k$，$\Delta(\cdot)_{\mathrm{m}}$ 为监控站 m 处卫星间的单差算子，$\Delta(\cdot)_{\mathrm{m}} = (\cdot)_{\mathrm{m}} - (\cdot)_{\mathrm{m}}^k$；$A$ 和 B 为系数矩阵，其中：$A = \dfrac{1}{\lambda} \cdot$

$$\begin{bmatrix} \Delta l_{\mathrm{m}}^1 & \Delta m_{\mathrm{m}}^1 & \Delta n_{\mathrm{m}}^1 \\ \Delta l_{\mathrm{m}}^2 & \Delta m_{\mathrm{m}}^2 & \Delta n_{\mathrm{m}}^2 \\ \vdots & \vdots & \vdots \\ \Delta l_{\mathrm{m}}^{k-1} & \Delta m_{\mathrm{m}}^{k-1} & \Delta n_{\mathrm{m}}^{k-1} \end{bmatrix}, \quad B = \begin{bmatrix} 1 & 0 & \cdots & 0 \\ 0 & 1 & \cdots & 0 \\ \vdots & \vdots & \ddots & \vdots \\ 0 & 0 & \cdots & 1 \end{bmatrix}。$$

由式（6-1）可知，假设由 2.4 节给出的 FARSE 算法快速确定 $\nabla\Delta N$ 参数，则由最小二乘参数估计原则 $V^{\mathrm{T}} P V = \min$ 可以获得如下单历元智能监控结果：

$$\begin{aligned} \hat{X}_{\mathrm{m}} &= X_{\mathrm{m}}^0 + \delta\hat{X}_{\mathrm{m}} \\ &= X_{\mathrm{m}}^0 - (A^{\mathrm{T}} P A)^{-1} \cdot A^{\mathrm{T}} P(B \cdot \nabla\Delta N + \nabla\Delta L) \end{aligned} \tag{6-2}$$

对应的监控站位置在 GNSS 坐标系下的精度评定为：

$$D_{\hat{X}_{\mathrm{m}}} = \sigma_0^2 \cdot Q_{\hat{X}_{\mathrm{m}}} = \sigma_0^2 \cdot Q_{\delta\hat{x}_{\mathrm{m}}} \tag{6-3}$$

式中，$Q_{\delta\hat{x}_{\mathrm{m}}}$ 为监控站 m 的 GNSS 坐标改正数协因数阵，可以由式（6-4）计算：

$$Q_{\delta\hat{x}_{\mathrm{m}}} = (A^{\mathrm{T}} P A)^{-1} = \begin{bmatrix} q_{\delta x_{\mathrm{m}} \delta x_{\mathrm{m}}} & q_{\delta x_{\mathrm{m}} \delta y_{\mathrm{m}}} & q_{\delta x_{\mathrm{m}} \delta z_{\mathrm{m}}} \\ q_{\delta y_{\mathrm{m}} \delta x_{\mathrm{m}}} & q_{\delta y_{\mathrm{m}} \delta y_{\mathrm{m}}} & q_{\delta y_{\mathrm{m}} \delta z_{\mathrm{m}}} \\ q_{\delta z_{\mathrm{m}} \delta x_{\mathrm{m}}} & q_{\delta z_{\mathrm{m}} \delta y_{\mathrm{m}}} & q_{\delta z_{\mathrm{m}} \delta z_{\mathrm{m}}} \end{bmatrix}_{\mathrm{GNSS}}$$

$$\xrightarrow{\text{GNSS 系} \Rightarrow \text{站心系}} \begin{bmatrix} p_{\delta N_{\mathrm{m}} \delta N_{\mathrm{m}}} & p_{\delta N_{\mathrm{m}} \delta E_{\mathrm{m}}} & p_{\delta N_{\mathrm{m}} \delta U_{\mathrm{m}}} \\ p_{\delta E_{\mathrm{m}} \delta N_{\mathrm{m}}} & p_{\delta E_{\mathrm{m}} \delta E_{\mathrm{m}}} & p_{\delta E_{\mathrm{m}} \delta U_{\mathrm{m}}} \\ p_{\delta U_{\mathrm{m}} \delta N_{\mathrm{m}}} & p_{\delta U_{\mathrm{m}} \delta E_{\mathrm{m}}} & p_{\delta U_{\mathrm{m}} \delta U_{\mathrm{m}}} \end{bmatrix}_{\text{站心系}} \tag{6-4}$$

式中，$\hat{X}_{\mathrm{m}}$、$Q_{\hat{X}_{\mathrm{m}}}$ 为监控站 m 的三维坐标参数估值及其协因数阵；X_{m}^0 为监控站 m 的待估坐标参数初值；$\delta\hat{X}_{\mathrm{m}}$、$Q_{\delta\hat{x}_{\mathrm{m}}}$ 为监控站 m 的坐标参数改正数及其协因数阵，其中：q 为 GNSS 坐标系下协因数阵元素，p 为站心坐标系下协因数阵元素，q 与 p 之间的关系可以通过坐标系之间相互转换实现（李征航等，2010）；P 为双差载波相位观测值的权矩阵，参见公式（4-3）。

根据式（6-4）可知，监控站 m 在站心坐标系下中误差即均方根误差（Root Mean Square，RMS）计算公式为：

$$\begin{cases} \sigma_{\mathrm{N}} = \hat{\sigma}_0 \cdot \sqrt{p_{\delta N_{\mathrm{m}} \delta N_{\mathrm{m}}}} \\ \sigma_{\mathrm{E}} = \hat{\sigma}_0 \cdot \sqrt{p_{\delta E_{\mathrm{m}} \delta E_{\mathrm{m}}}} \\ \sigma_{\mathrm{U}} = \hat{\sigma}_0 \cdot \sqrt{p_{\delta U_{\mathrm{m}} \delta U_{\mathrm{m}}}} \end{cases} \tag{6-5}$$

其中：σ_N、σ_E 和 σ_U 为监控站 m 在站心坐标系下的北向中误差、东向中误差和高程中误差，$\hat{\sigma}_0$ 为载波相位观测值的验后单位权中误差：

$$\hat{\sigma}_0 = \pm \sqrt{\frac{\boldsymbol{V}^{\mathrm{T}} \boldsymbol{P} \boldsymbol{V}}{(n^k - 1) - 3}} \tag{6-6}$$

6.2.2 单历元数据处理方法流程

根据 2.4 节给出的 FARSE 算法快速确定 $\nabla\Delta N$ 参数，并考虑第 3 章中给出的智能监控卫星定位方法及装置，由第 6.2.1 节的单历元智能监控数学模型，本章设计的单历元数据处理方法流程如图 6-2 所示。

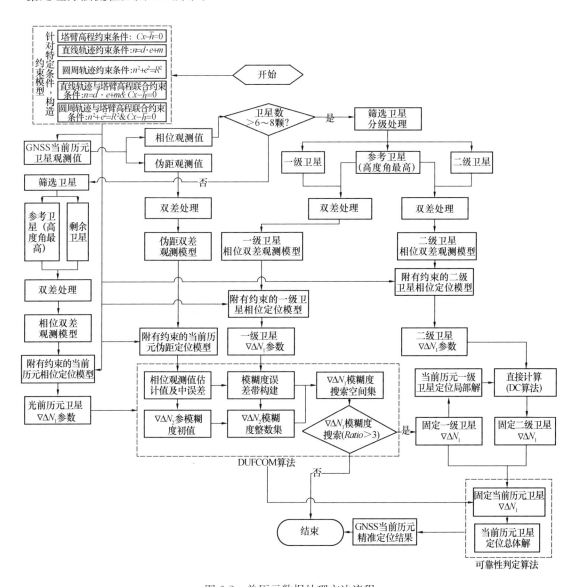

图 6-2 单历元数据处理方法流程

由图 6-2 可知，单历元数据处理方法流程主要包括如下步骤：

（1）对特定条件，构建约束模型。利用塔臂高程约束条件、直线轨迹约束条件、圆周轨迹约束条件以及直线轨迹与圆周轨联合约束条件、圆周轨迹与塔臂高程联合约束条件，按照第 3 章给出的智能监控卫星定位方法及装置技术，建立附有约束的单历元相位或伪距定位模型。

（2）利用 FARSE 算法思想快速确定 $\nabla\Delta N$ 参数。

（3）可靠性判定算法。根据建筑塔式起重机用单历元双差整周模糊度解算检核及装置技术，实现双差整周模糊度固定的可靠性。

（4）智能监控单历元精准定位。由第 6.2.1 节的单历元智能监控数学模型，实现卫星定位智能监控。

6.3 云端服务器技术

云服务器（Cloud Virtrual Machine，CVM）又称为云计算服务器或云主机，是云计算服务的重要组成部分，是一种简单高效、安全可靠、处理能力强的计算单元，是面向各类互联网用户提供综合业务能力的服务管理平台。云服务器与传统服务器业务能力区别比较如表 6-1 所示。

云服务器与传统服务器业务能力区别比较表　　　　　　　　　　　　表 6-1

序号	业务能力	云服务器	传统服务器
1	投入成本	按需租用，有效降低综合成本	高额的综合信息化成本投入
2	产品性能	硬件资源的隔离，拥有独享带宽	难以保证获得持续可控的产品性能
3	管理能力	集中化的远程管理平台和多级业务备份	日趋复杂的业务管理难度
4	扩展能力	具备快速的业务部署与配置以及规模的弹性扩展能力	服务环境缺乏灵活的业务弹性

本章不妨以腾讯云服务器为例，介绍一种基于云服务器的云端系统设计思路如图 6-3 所示。

如图 6-3 所示，腾讯云服务器登录用户名为学 f406，其实例属性配置为：ID 名称 ins-h0048ejl（activity-cvm-2020-07-25），标准型 SA2，系统配置 1 核 2GB 1Mbps 高性能云硬盘，主 IPv4 地址 49.232.57.24（公网）、172.21.0.9（内网）。

腾讯云服务器的远程登录方式：

（1）按住键盘"win＋R"，弹出"运行"对话框如图 6-4 所示。

（2）在"运行"对话框中输入"mstsc"，点击"确定"按钮，弹出"远程桌面连接"对话框如图 6-5 所示。

（3）在"远程桌面连接"对话框，输入云服务器 IP 地址，例如：49.232.57.24，点击"连接"按钮，远程访问云服务器如图 6-6 所示。

图 6-3　腾讯云服务器登录界面

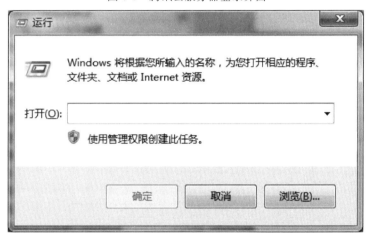

图 6-4　"运行"对话框

图 6-5　"远程桌面连接"对话框

图 6-6　云服务器（IP：49.232.57.24）

6.4　5G 移动通信核心技术

数据实时传输是实现建筑塔式起重机卫星定位关键位置在线智能监控的关键技术之一。第五代移动通信技术（5th Generation Mobile Communication Technology，5G）是最新一代蜂窝移动通信技术，也是继 4G 系统之后的延伸。中国的移动、联通、电信等三大运营商于 2019 年 11 月 1 日正式上线 5G 商用套餐。与 4G 相比，5G 具有大数据量传输、减少延时、节省能源、降低成本、提高系统容量和大规模设备连接等显著优势备受瞩目（刘光毅等，2019）。实现建筑塔式起重机卫星定位关键位置实时在线监控的 5G 移动通信核心技术，如图 6-7 所示。

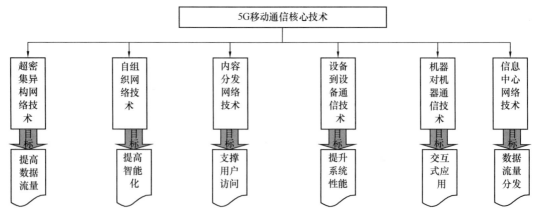

图 6-7　5G 移动通信核心技术

同时，基于 4G/5G 的数传模块单元（Data Transfer Unit，DTU），利用 NAME-0813 数据格式实现监测信息的无线传输（方书山等，2013），包括 GPGGA、BDGSV、BDG-

SA 等信息，进而实现"卫星定位＋4G/5G"智能监控方法。其中，DTU 数传模块单元在随机工具（dtucfg.exe）的"设置"中选择正确的 COM 口和波特率配置属性信息。DTU 数传模块单元属性配置如表 6-2 所示。

DTU 数传模块单元属性配置表

表 6-2

序号	属性项	基准站配置	塔顶监控站配置	臂尖监控站配置
1	IP	49.232.57.24	49.232.57.24	49.232.57.24
2	端口	9901	9901	9901
3	mServer	N	N	N
4	心跳间隔（s）	15	15	15
5	自定义注册包	$TMonito，BDJ，12345，*hh\x0A	$TMonito，JC01，12345，*hh\x0A	$TMonito，JC02，12345，*hh\x0A
6	自定义心跳包	$TMonito，BDJ，12345，*hh\x0A	$TMonito，JC01，12345，*hh\x0A	$TMonito，JC02，12345，*hh\x0A
7	波特率	115200	115200	115200
8	其他	默认	默认	默认

6.5　云端系统设计与实现

利用 6.2 节所建立的单历元智能监控数学模型以及单历元数据处理方法流程，基于 Viusal Studio 2010 平台，利用 C♯编程语言，设计并开发了一种基于卫星定位的建筑塔式起重机智能监控装置与云端系统（GNSS_TCMS）。

6.5.1　系统总体设计

GNSS_TCMS 系统设计主要包括系统硬件装置和系统软件开发，总体思路如下：由 1 台 GNSS 基准站和 2 台 GNSS 监控站构成 GNSS 数据采集装置，并由 3 个 4G 无线通信模块（DTU）构成监控数据传输装置，用于实时传输监控数据至具有固定 IP 的云服务器 Windows 平台系统（选用腾讯云 CVM），并在云服务器平台系统安装 SQL 数据库和安全监控软件系统的服务器端（TCMS_Server），构成数据处理单元和安全监控分析单元，基于 SQL 数据库管理 GNSS 监控站高精度监控服务信息，包括塔式起重机塔顶三维位移量和塔式起重机垂直度以及塔式起重机臂尖在摆臂过程中的垂向位移和水平臂长变动量，由安全监控分析单元提供预警提示（C 级）、预警告警（B 级）、预警应急（A 级）等分级预警指令信息，将有效指令信息实时播发至塔式起重机司机室客户端（TCMS_Client），最终实现建筑塔式起重机安全监控。本系统总体设计原理如图 6-8 所示。

本系统总体设计具有以下特点：

（1）利用 GNSS 传感器的高精度载波相位观测量数据单历元解算建筑塔式起重机塔顶、臂尖的三维监控信息，可提供高精度监控服务；

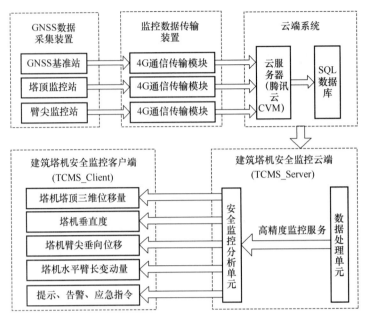

图 6-8　系统总体设计原理

（2）利用 4G/5G 通信模块进行监控数据传输，可实现自动化、实时化、智能化的远程监控；

（3）利用云计算技术，对多台建筑塔式起重机工作状态进行安全监控，建立塔式起重机群的关联和集中管理，进一步提升群塔安全管理的智能化水平。

6.5.2　系统硬件装置

GNSS_TCMS 系统的硬件装置主要由 GNSS 数据采集装置、监控数据传输装置、计算机网络服务器和用户终端组成，如图 6-9 所示。

（1）GNSS 数据采集装置，如图 6-9（a）所示，由安置于基准站和监控站的 GNSS 传感器组成。其中，基准站可以架设在地势较高（确保导航卫星观测视域良好）的施工现场；监控站固定安装于建筑塔式起重机塔顶部和塔式起重机臂尖部。

（2）监控数据传输装置，如图 6-9（b）所示，由 3 个 4G 通信模块组成，同步将基准值和监控站的 GNSS 传感器采集的卫星数据实时无线传输至具有固定 IP 的计算机网络服务器，利用 SQL 数据库分类管理监控数据（陈娜娜等，2011；余向阳等，2012）。

（3）计算机网络服务器，如图 6-9（c）所示，主要由固定 IP 的计算机云服务器端和 SQL 数据库构成，为建筑塔式起重机安全监控的数据处理单元和安全监控分析单元提供云计算平台。

（4）客户终端，如图 6-9（d）所示，由微型计算机或 IPDA 构成，实时显示塔式起重机安全监控参数，并实时响应预警提示、预警告警、预警应急等有效指令信息。

(a) GNSS数据采集装置　　　　(b) 监控数据传输装置

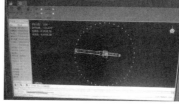

(c) 计算机网络服务器　　　　(d) 客户终端

图 6-9　系统硬件装置

6.5.3　系统软件开发

由第 6.2 节所述的 GNSS 单历元模型与方法以及第 6.5.2 节所述的系统硬件装置决定了 TCMS 系统的数据处理与安全监控分析软件开发包括三大功能模块：监控数据 IO 接口功能模块、数据处理功能模块和安全监控分析功能模块。TCMS 系统软件功能模块设计如图 6-10 所示。

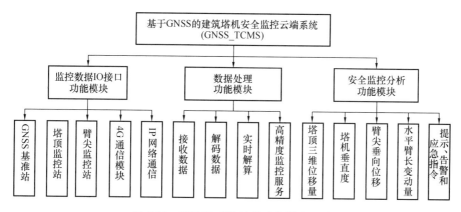

图 6-10　TCMS 系统软件功能模块设计

根据如图 6-10 所示的功能模块设计思路，设计并开发一套基于 GNSS 的建筑塔式起重机安全监控软件系统（简称 TCMS）（周命端等，2019）。TCMS 系统主界面设计如图 6-11所示。

如图 6-11 所示，TCMS 系统主界面设计包括：主菜单窗口、安全监控窗口、精度信

121

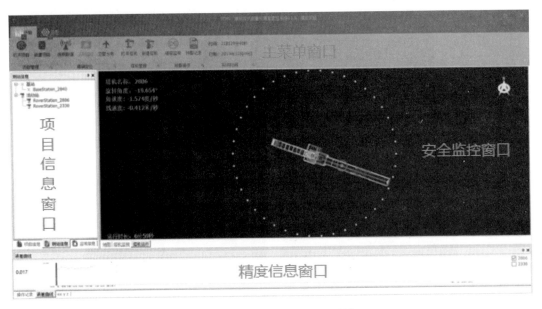

图 6-11　TCMS 系统主界面设计

息窗口、项目信息窗口。其中，"主菜单窗口"设置了"开始"菜单项和"设置"菜单项；"安全监控窗口"设置了"在线地图"页面项、"塔式起重机监视"页面项和"塔式起重机运行"页面项；"精度信息窗口"设置了"操作记录"页面项、"误差曲线"页面项和"中误差直方图"页面项；"项目信息窗口"包括项目信息、测站信息和监视信息。例如："中误差直方图"页面项给出了某一监控站单历元监控坐标参数在 GNSS 坐标系下的中误差指标（图 6-12）。

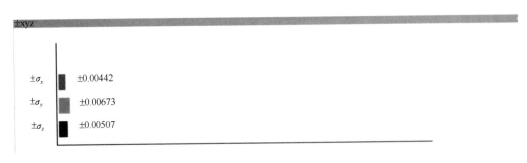

图 6-12　中误差直方图

由式（6-2），中误差计算公式可表示为：

$$\begin{cases} \sigma_x = \hat{\sigma}_0 \cdot \sqrt{q_{\delta x_m \delta x_m}} \\ \sigma_y = \hat{\sigma}_0 \cdot \sqrt{q_{\delta y_m \delta y_m}} \\ \sigma_z = \hat{\sigma}_0 \cdot \sqrt{q_{\delta z_m \delta z_m}} \end{cases} \tag{6-7}$$

式中，σ_x、σ_y 和 σ_z 为某一监控站单历元监控三维坐标参数中误差，$\hat{\sigma}_0$ 为载波相位观测值的验后单位权中误差，其中：

$$\hat{\sigma}_0 = \pm\sqrt{\frac{\boldsymbol{V}^{\mathrm{T}}\boldsymbol{P}\boldsymbol{V}}{(n^k-1)-3}} \tag{6-8}$$

6.5.4　系统软件使用

6.5.4.1　系统软件功能

TCMS 系统主要包括监控、预警、运行状态呈现和误差曲线动态分布等软件功能，具体功能包括：

（1）对建筑塔式起重机的安全运行状态进行实时智能化监控。

（2）在建筑塔式起重机有碰撞危险情况时发布应急预警。

（3）实时呈现建筑塔式起重机的安全运动状态数据。

（4）实时监控 TCMS 系统的卫星定位智能监控精度。

6.5.4.2　系统软件特点

TCMS 系统软件技术特点包括：

（1）全面监控。能够通过卫星定位的基准站和流动站组成的定位模式，实时精确地获取建筑塔式起重机各设备的关键位置定位信息，实现对建筑塔式起重机的关键位置监控、时间监控和速度监控，并且快速把这些信息传送到控制系统，有效预防建筑塔式起重机碰撞、违规操控，协助保护建筑塔式起重机工作中的安全问题。

（2）有效管控。能够在建筑塔式起重机触发危险情况时，迅速通过通信系统向相关设备发出不同级别的预警信号（流动字幕、声音警示和警报灯显示），立即指导设备操作人员及时采取相应的措施，并实现对建筑塔式起重机的限时或限速，更有效地预防建筑塔式起重机碰撞的发生，有利于维护建筑塔式起重机操作中的安全。

（3）数据输入与输出均采用文本文件形式，操作简单，使用方便。

（4）能够以高精度智能监控建筑塔式起重机的安全运行状态，并在计算机上进行模拟。

（5）功能全面，满足对建筑塔式起重机运转安全管控的技术需求。

（6）TCMS 系统具备可视化界面友好、数据处理速度快、可扩展性好等优点。

6.5.4.3　系统软件菜单

1. 软件设计主界面及菜单项设计

TCMS 系统软件主界面设计是基于 Visual C♯窗体平台进行开发的。系统启动时候，首先完成系统启动界面呈现(图 6-13)，等待启动进程结束进入系统软件主界面(图 6-14)。其中，TCMS 系统软件菜单项设计如图 6-15 所示。

2. 文件命名说明

TCMS 系统软件对数据的输入采用对话框方式，对数据的输出采用文本文件方式。输出的数据文件前缀均为系统名，即 TCMS，其后缀定制了一定的命名规则。下面对 TC-MS 系统软件所生成的数据输出文本文件格式命名规则作如下说明，如表 6-3 所示。

图 6-13　TCMS 系统软件启动界面

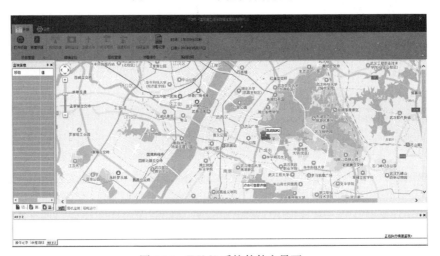

图 6-14　TCMS 系统软件主界面

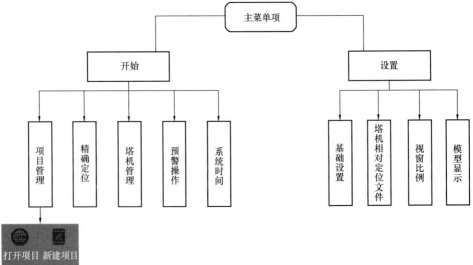

图 6-15　TCMS 系统软件菜单项设计

TCMS 系统数据输出文本文件格式命名规则说明　　　　表 6-3

序号	文件名后缀	详细说明
1	TCMS. cas	新建项目文件
2	TCMS. Form1. cs	C♯环境下主窗体源代码文件
3	TCMS. html	HTML 编写的文本文档，在界面中调用百度地图信息
4	TCMS. ∗ . tc	Tc 文件为系统中实现的新建塔式起重机文件

3. 主菜单项介绍

（1）"开始"菜单项

在 TCMS 系统软件主界面菜单下用鼠标单点"开始"菜单，出现如图 6-16 所示的菜单项。其中，"开始"菜单是 TCMS 系统软件的核心部分之一，也是人机交互最多的功能项，主要包括："项目管理""精确定位""塔式起重机管理""预警操作"和"系统时间"等子菜单。下面逐一进行介绍。

图 6-16　"开始"菜单项

【项目管理】

1）打开项目：打开 TCMS 系统软件的项目数据文件。其中，项目数据文件内包含定位解算方法、参数等信息。

2）新建项目：新建建筑塔式起重机的项目数据文件。

【精准定位】

1）观测数据：导入建筑塔式起重机的观测数据（图 6-17）。其中，包括"基准站"

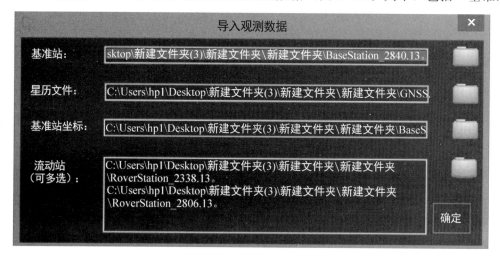

图 6-17　导入观测数据

"星历文件""基准站坐标"和"流动站"。

2）实时监控：开始对建筑塔式起重机进行实时监控。

3）卫星分布：查看当前参与定位的导航卫星定位天空图（以 GPS 为例）如图 6-18 所示。

【塔式起重机管理】

1）打开塔式起重机：打开其中的建筑塔式起重机数据。

2）新建塔式起重机：新建其中的建筑塔式起重机数据。

【预警操作】

1）继续监视：对当前预警采取必要措施后，继续当前任务的建筑塔式起重机进行监视。

2）预警记录：显示当前监视的建筑塔式起重机出现过的预警时间和距离情况。其中，预警记录如图 6-19 所示，包括发布预警的时间及发出预警时塔式起重机间最小距离。

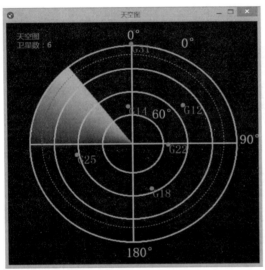

图 6-18　导航卫星定位天空图（以 GPS 为例）　　图 6-19　预警记录

【系统时间】

显示 TCMS 系统软件此时的详细时间和具体日期。

（2）"设置"菜单项

在 TCMS 系统软件主界面菜单下用鼠标单点"设置"菜单，出现如图 6-20 所示的菜

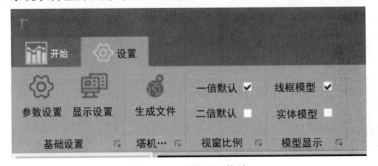

图 6-20　"设置"菜单

单项，包括"基础设置""生成文件""视窗比例"和"模型显示"等子菜单。下面逐一进行介绍。

【基础设置】

1）参数设置：对 TCMS 系统软件的参数数据进行设置，主要包括"基本设置""周跳探测与修复""模糊度解算""参数估计"和"测速"等标签页，如图 6-21 所示。

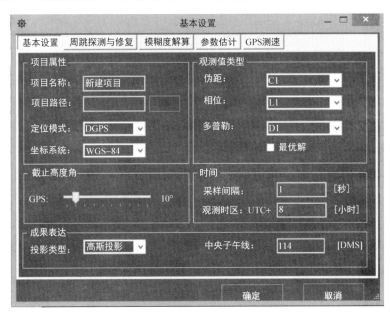

图 6-21　参数设置

2）显示设置：对 TCMS 系统软件显示的参数进行设置，主要包括"源数据""绘制参数""告警参数""项目属性"和"天空图"，如图 6-22 所示。

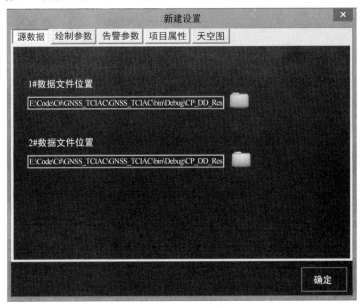

图 6-22　显示设置

127

【塔机相对定位文件】

生成文件：生成建筑塔式起重机相对定位文件，如图 6-23 所示。开始定位监控后需要利用一个历元的定位信息进行初始化屏幕位置，即将建筑塔式起重机位置在屏幕上进行显示定位。其中，该文件可由流动站单点定位位置生成。

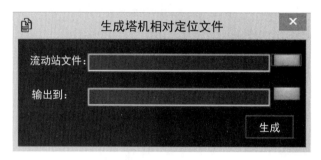

图 6-23　生成文件

【视窗比例】

改变视窗显示的比例，有"一倍默认"和"二倍默认"两个选项。具体显示效果依据不同屏幕而有不同。

【模型显示】

用于建筑塔式起重机安全运行模型的显示。其中，线框模式如图 6-24 所示，实体模式如图 6-25 所示。

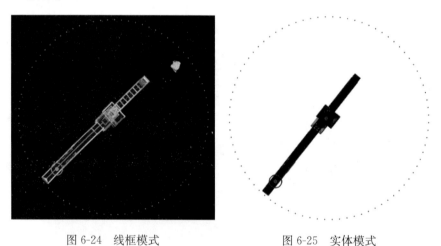

图 6-24　线框模式　　　　　　　　　　图 6-25　实体模式

4. 监视窗口

TCMS 系统软件设计了三种监视窗口，分别为"地图"窗口、"塔式起重机监视"窗口和"塔式起重机运行"窗口。

（1）"地图"窗口

该窗口显示了建筑塔式起重机在电子地图中的真实位置，即建筑塔式起重机在地图上的定位，用于查看建筑塔式起重机周边环境，可以在地图模式和卫星图模式之间相互切换。其中，地图模式如图 6-26 所示，卫星图模式如图 6-27 所示。

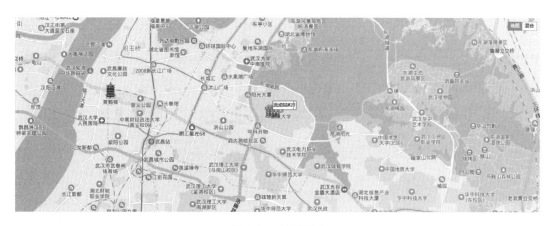

图 6-26　地图模式

图 6-27　卫星图模式

（2）"塔式起重机监视"窗口

该窗口包含所监控的建筑塔式起重机的相对运动状态和位置关系，是防碰撞功能的预警输出显示窗口。该窗口可显示建筑塔式起重机的安全运行状态，并在进入预警距离时发出警报提示。其中，警报分为 A、B、C 三级，分别配有不同的警报音效，文字提示及警报动画。"塔式起重机监视"窗口如图 6-28 所示。

（3）"塔式起重机运行"窗口

该窗口主体是一个建筑塔式起重机模型，用于模拟建筑塔式起重机的安全运动状态。其中，窗口左上角标注有建筑塔式起重机安全运行状态的基本信息，窗口左下角标注有当前建筑塔式起重机的工作时长。"塔式起重机运行"窗口（以线框模式为例）如图 6-29 所示。

5. 精度监视窗口

精度监视窗口主要包含"操作记录""误差曲线"和"误差直方图"等标签页窗口。

（1）"操作记录"窗口

该窗口包含每一步人机交互所执行的操作以及在建筑塔式起重机卫星定位智能监控过程中的定位解算结果显示。"操作记录"窗口如图 6-30 所示。

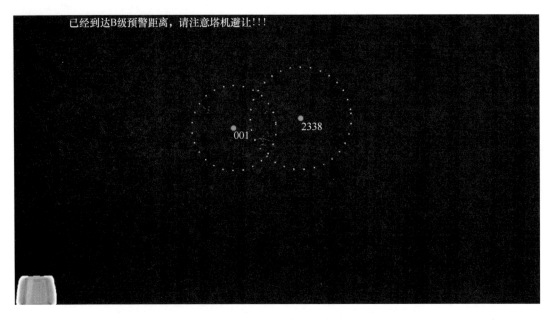

图 6-28　"塔式起重机监视"窗口

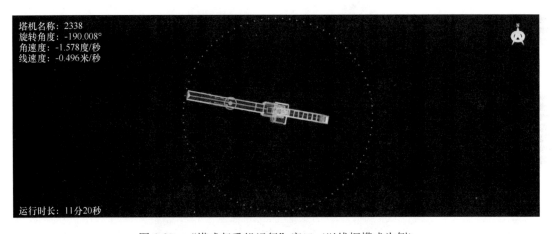

图 6-29　"塔式起重机运行"窗口（以线框模式为例）

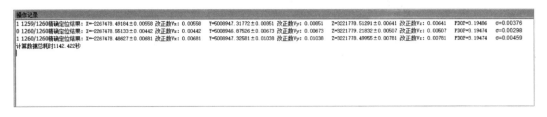

图 6-30　"操作记录"窗口

（2）"误差曲线"窗口

该窗口显示绘制定位中误差的误差曲线。其中，原点为精度监视窗口的时间，纵轴为中误差大小。"误差曲线"窗口如图 6-31 所示。

图 6-31　"误差曲线"窗口

（3）"误差直方图"窗口

该窗口对定位解算结果，例如：（X，Y，Z）三个值的精度进行监视，并绘成动态实时变化的直方图。"误差直方图"窗口如图 6-12 所示。

6. 项目信息窗口

项目信息窗口包括"项目信息""测站信息""监视信息"等信息窗口。

（1）"项目信息"窗口

该窗口显示项目基本信息。例如：保存路径、定位解算方法、基本参数设定等。"项目信息"窗口如图 6-32 所示。

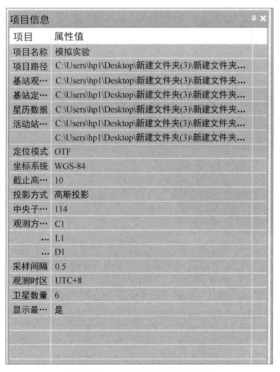

图 6-32　"项目信息"窗口

131

（2）"测站信息"窗口

该窗口以树状图的方式显示执行定位的硬件设备，支持鼠标"右键"查看设备详细信息。例如：设备名称、品牌、参数等。"测站信息"窗口如图 6-33 所示。

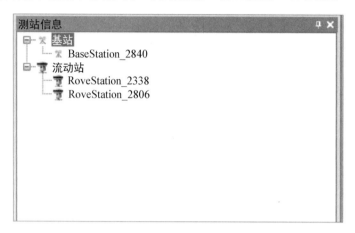

图 6-33   "测站信息"窗口

（3）"监视信息"窗口

该窗口显示预警算法的数值输出，包括建筑塔式起重机之间的距离、距离基准站的距离等信息。"监视信息"窗口如图 6-34 所示。

监视信息		
项目	值	
RoverStation_...		
与基站距离：	220.649米	
RoverStation_...	0	
与基站距离：	220.599米	
RoverStation_...		
与基站距离：	220.649米	
监视距离：	1.422米	
中心点距离：	23.937米	

图 6-34   "监视信息"窗口

6.6 系统测试与分析

为验证 GNSS_TCMS 系统的智能监控性能以及分析 GNSS_TCMS 系统的智能监控精度情况，在某施工现场的某台建筑塔式起重机上进行实验测试与数据分析。

6.6.1　实验方案设计

将 1 台 GNSS 接收机作为基准站，架设在建筑塔式起重机附近卫星视域开阔的施工现场，2 台 GNSS 接收机作为监控站，分别固定安装于建筑塔式起重机塔顶部（简称塔顶 GNSS 监控站）和塔臂臂尖部（简称臂尖 GNSS 监控站）。3 台 GNSS 接收机的采样间隔均设置为 1s，卫星截止高度设置为 15°。其中，基准站与监控站之间的高差约在 30m，建筑塔式起重机塔身高度 $h=67.12$m，建筑塔式起重机塔臂长度 $l=66.59$m，建筑塔式起重机塔基中心平面位置为（$N_0 = *0382.28$m，$E_0 = *3554.46$m，

图 6-35　建筑塔式起重机运行状态智能监控效果图

"*"表示省略数字)，建筑塔式起重机为垂头型。建筑塔式起重机处于摆臂且微风状态运行情况下进行工程实验 GNSS 数据采集。GNSS_TCMS 系统建筑塔式起重机运行状态智能监控效果图如图 6-35 所示。

为定量评估与分析 GNSS_TCMS 系统的智能监控性能及精度情况，选择连续 5min 共 300 个监控历元进行数值统计与分析，设计一种基于历史历元位移偏差的智能监控参数分别从塔顶 GNSS 监控站和臂尖 GNSS 监控站进行实验验证与分析。

6.6.2　塔顶 GNSS 监控站实验分析

针对建筑塔式起重机塔顶 GNSS 监控站，将第 n 个监控历元的北向、东向及天顶向坐标用（N_n，E_n，U_n）表示。在 GNSS_TCMS 系统里设计了一种基于历史历元位移偏差的塔顶安全监控参数为：

$$\begin{cases} \Delta N_n = N_n - Avg_{\mathrm{N}}，北向 \\ \Delta E_n = E_n - Avg_{\mathrm{E}}，东向 \\ \Delta U_n = U_n - Avg_{\mathrm{U}}，天顶向 \end{cases} \tag{6-9}$$

式中，（$\Delta N_n, \Delta E_n, \Delta U_n$）表示为建筑塔式起重机塔顶第 n 个监控历元（$n>1$ 且为整数）在北向、东向及天顶向的单历元位移偏差量，（Avg_{N}，Avg_{E}，Avg_{U}）表示为一种基于历史历元累积位移的北向、东向及天顶向的算术平均值，可以采用式（6-10）计算：

$$\begin{cases} Avg_{\mathrm{N}} = \dfrac{1}{n-1}\sum_{i=1}^{n-1} N_i \\ Avg_{\mathrm{E}} = \dfrac{1}{n-1}\sum_{i=1}^{n-1} E_i \\ Avg_{\mathrm{U}} = \dfrac{1}{n-1}\sum_{i=1}^{n-1} U_i \end{cases} \tag{6-10}$$

根据式（6-10），针对连续 5min 共 300 个监控历元的塔顶 GNSS 监控站的监控结果进行数值统计分析。塔顶 GNSS 监控站在北向、东向及天顶向的监控中误差如图 6-36 所示，

对应的监控参数时间序列分析如图 6-37 所示。

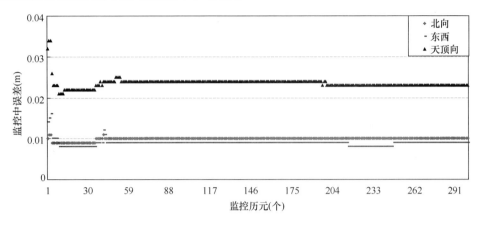

图 6-36　塔顶 GNSS 监控站监控中误差

从图 6-36 可以看出，塔顶 GNSS 监控站在北向的监控中误差在 0.009～0.011m、东向的监控中误差在 0.008～0.016m 和天顶向的监控中误差在 0.021～0.034m。这说明，GNSS_TCMS 系统给出的塔顶 GNSS 监控站的监控精度在水平方向优于 2cm、高程方向优于 4cm。

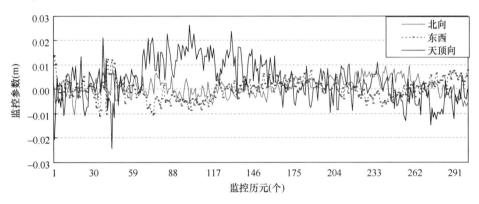

图 6-37　塔顶 GNSS 监控站监控参数时间序列分析

从图 6-37 可以看出，塔顶 GNSS 监控站在北向、东向的监控参数均在 ±0.02m 之内，天顶向的监控参数在 ±0.03m 之内。

6.6.3　臂尖 GNSS 监控站实验分析

针对建筑塔式起重机臂尖 GNSS 监控站，将第 m 个监控历元的北向、东向及天顶向坐标用（N_m, E_m, U_m）表示，则建筑塔式起重机塔臂水平向长度可采用式（6-11）计算：

$$l_m = \sqrt{(N_m - N_0)^2 + (E_m - E_0)^2} \tag{6-11}$$

式中，l_m 为第 m 个监测历元的建筑塔式起重机塔臂水平向长度；（N_0, E_0）为建筑塔式起重机塔基中心平面位置。

在 GNSS_TCMS 系统里利用天顶向高程 U_m 和塔臂水平向长度 l_m，设计了一种基于历史历元位移偏差的臂尖在天顶向的垂向位移监控参数和在臂水平向的水平臂长变动量参数：

$$\begin{cases} \Delta U_{\mathrm{m}} = U_{\mathrm{m}} - Avg_{\mathrm{U}}，天顶向 \\ \Delta l_{\mathrm{m}} = l_{\mathrm{m}} - Avg_{l}，臂水平向 \end{cases} \tag{6-12}$$

式中，ΔU_{m} 为建筑塔式起重机臂尖第 m 个历元（$m>1$ 且为整数）在天顶向的单历元垂向位移监控参数；Δl_{m} 为建筑塔式起重机臂尖第 m 个历元（$m>1$ 且为整数）在臂水平向的水平臂长变动量参数；Avg_{U} 和 Avg_{l} 分别为一种基于历史历元累积位移的天顶向和臂水平向的算术平均值，可以采用式（6-13）计算：

$$\begin{cases} Avg_{\mathrm{U}} = \dfrac{1}{m-1} \cdot \sum_{i=1}^{m-1} U_i \\ Avg_{l} = \dfrac{1}{m-1} \cdot \sum_{i=1}^{m-1} l_i \end{cases} \tag{6-13}$$

根据式（6-13），针对连续 5min 共 300 个监控历元的臂尖 GNSS 监控站的监控结果进行数值统计分析。臂尖 GNSS 监控站在天顶向的监控中误差如 6-38 所示，对应的监控参数时间序列分析如图 6-39 所示。

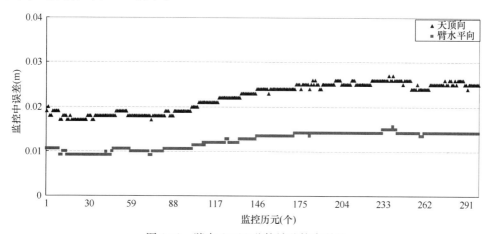

图 6-38 臂尖 GNSS 监控站监控中误差

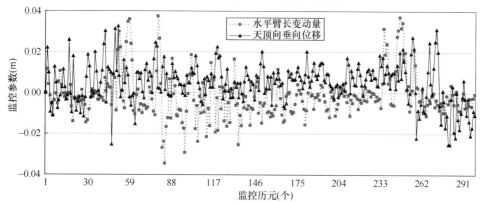

图 6-39 臂尖 GNSS 监控站监控参数时间序列分析

从图 6-38 可以看出，臂尖 GNSS 监控站在天顶向的监控中误差在 0.017～0.027m、臂水平向的监控中误差在 0.009～0.016m。这说明，TCMS 系统给出的臂尖 GNSS 监控站的监控精度在高程方向优于 3cm、臂水平长度方向优于 2cm。

从图 6-39 可以看出，臂尖 GNSS 监控站在天顶向的垂向位移监控参数均在 ±0.04m 之内，臂水平向的水平臂长变动量监控参数在 ±0.03m 之内。

6.7 本章小结

建筑塔式起重机是建筑行业用于提高施工效率的重要起重机械，属于特种设备。鉴于当前建筑塔式起重机安全监控系统尚未使用卫星定位传感器或仅利用卫星定位伪距观测量的低精度监控服务技术，难以满足建筑塔式起重机精准监控的应用需求。因此，本章开发了一种利用卫星定位载波相位观测量的高精度监控服务技术，并给出了基于卫星定位的高精度监控模型与方法流程。基于 Visual Studio 2010 平台，利用 C♯ 编程语言，利用云端服务器技术，从系统总体设计、系统硬件装置和系统软件开发等方面，研制了一种基于卫星定位的建筑塔式起重机智能监控装置与云端系统（GNSS_TCMS）。实验结果表明：GNSS_TCMS 智能监控平面精度优于 2cm、臂水平长度精度优于 2cm、高程精度优于4cm。本章算法可为建筑塔式起重机精准监控提供一种高精度卫星定位实时智能算法，所研制的装置及云端系统可用作建筑塔式起重机智能监控云端在线精细化管理平台。

第7章 总 结 与 展 望

7.1 全书总结

本书系统地针对基于卫星定位的建筑塔式起重机智能监控系统关键技术与方法、系统硬件装置组装以及系统软件设计与开发进行深入研究与总结，为建筑塔式起重机用卫星定位智能监控提供一种实时高精度强可靠的卫星定位单历元监控算法，所研制的装置及云端系统可用作建筑塔式起重机智能监控云端在线精细化管理平台。本书的主要贡献和工作总结如下：

（1）从载波相位观测值测量的基本原理出发，建立载波相位观测基本方程，简要阐述了载波相位高精度卫星定位方法，并从单差技术、双差技术、三差技术的载波相位差分技术入手，建立了对应的载波相位差分观测方程；详细推导了基于高频数据的单历元定位数学模型，包括函数模型和随机模型；探讨了几种典型的高频数据单历元快速确定算法，包括 LAMBDA 算法、MLAMBDA 算法、DUFCOM 算法、单历元 DC 算法和 FARSE 算法，在此基础上，提出了 BDS 高频数据单历元快速确定算法，包括 BDS_DUFCOM 方法和 BDS_FARSE 算法。最后，基于高频数据的单历元定位数学模型，采用 BDS_FARSE 算法快速确定 $\nabla\Delta N$ 双差整周模糊度，并基于 Visual Studio 2010 平台，运用 C♯编程语言，建立了相应的数据处理程序模块，从可用性分析和监控精度分析两个方面进行算法验证与性能评估。实验结果表明：针对 30min 共 1800 个连续监控历元的 $\nabla\Delta N$ 双差整周模糊度可靠性检验 Ratio≥3 的成功率为 100%，且单历元监控算法的测量精度在 x 方向优于 1.5cm、y 方向优于 1.0cm、H 方向优于 2.5cm 以及平面 RMS 优于 2.0cm 和点位 RMS 优于 3.0cm，从而验证了所述算法模型与方法是可行且有效的，为建筑塔式起重机卫星定位智能监控系统研制提供了一种高精度卫星定位单历元监控算法。

（2）提出一系列基于卫星定位的建筑塔式起重机智能监控精准定位新思路。给出了一种建筑塔式起重机用单历元双差整周模糊度快速确定方法，可以更快速高效地解算整周模糊度参数，对单历元的所有观测卫星进行筛选分级，控制预定数量的Ⅰ类卫星，进而大幅压缩了单历元卫星对双差整周模糊度的搜索空间，加快了单历元双差整周模糊度解算效率，从而可以适当提高基准站和监控站的卫星定位接收机采样率，并结合建筑塔式起重机卫星定位智能监控系统可靠性的实际需求，又给出了一种建筑塔式起重机用单历元双差整周模糊度解算检核方法，不但可以快速解算整周模糊度参数，还可以能够合理判断其正确性，能够有效提高建筑塔式起重机卫星定位智能监控技术的定位精度和可靠性。随后，提出了塔顶位置卫星定位三维动态检测与分级预警装置，能够实时检测塔身健康情况，结构简单，不用在塔身上安装复杂的倾角传感器等设备，提高建筑施工作业的安全性；提出了臂尖卫星定位动态监测方法和系统，能够降低移动小车处的复杂度，提高建筑施工作业的安全性；提出了一种横臂位置精准定位可靠性验证方法，用于确定横臂位置的 GNSS 接收机测量结果的可靠性得到验证，可以剔除不可靠的结果，因而可以确保横臂端部位置定位更加可靠精准。在此基础上，提出了吊钩位置卫星定位方法及系统以及吊钩位置精准定位可靠性验证系统，避免由于吊钩受到外力作用的影响发生摆动而导致无法测量塔基吊钩的位置。所提出的一系列智能监控卫星定位方法及装置获授权发明专利 10 项，包括：GNSS 单历元双差整周模糊度快速确定方法（ZL202010599437.7），GNSS 单历元双差整周模糊度解算检核方法、接收机和塔吊机（ZL202010599281.2），建筑塔机塔顶三维动态检测与分级预警装置（ZL202010142144.6），基于卫星定位的建筑塔机臂尖监测方法及系统（ZL201911275713.8），一种建筑塔机横臂位置精准定位可靠性验证方法（ZL201910781843.2）和 GNSS 精准定位建筑塔机横臂位置的可靠性验证方法（ZL202110635349.2），建筑塔机及其吊钩位置精准定位可靠性验证系统（ZL201910781855.5）、建筑施工塔式起重机及吊钩定位系统（ZL201810360792.1）和一种利用 GNSS 定位吊钩的方法（ZL202010459090.6），以及建筑塔机及其吊钩位置精准定位可靠性验证系统（ZL201910781855.5），为建筑塔式起重机智能监控技术提供一种全新的高精度卫星定位解决思路。

（3）提出了一种基于历元位置偏差的塔顶位置三维位移检测参数及预警参数构造方法，从检测参数设计和预警参数设计两个角度，设计了一种基于卫星定位的建筑塔式起重机塔顶智能检测预警模型，研发了一种建筑塔式起重机塔顶位置卫星定位智能检测预警技术。通过工程试验的数据采集和处理的检测结果分析表明：利用卫星定位智能检测模型解算获得了平面精度优于 2cm、高程精度优于 4cm 的动态检测结果。基于该检测结果验证了塔顶位置卫星定位智能检测预警模型设计的正确性和可行性，为建筑塔式起重机抗倾翻稳定性智能检测提供一种实时算法。

（4）提出了一种基于历元位置偏差的臂尖垂向位移监测参数及预警参数构造方法，从监测参数设计和预警参数设计两个角度，构建了一种建筑塔式起重机臂尖卫星定位动态监测预警模型，开发一种建筑塔式起重机臂尖位置卫星定位动态监测预警技术。通过工程试验数据采集与数据处理结果表明，利用本书建立的卫星定位高频数据单历元定位数学模型解算建筑塔式起重机臂尖位置参数可以获得平面精度优于 2cm 及高程精度优于 4cm 的定位结果。基于该定位结果，从监测参数设计和预警参数设计两个角度，验证了所构建的基于卫星定位的建筑塔式起重机臂尖动态监测预警模型的可行性和有效性，实现了建筑塔式起重机臂尖垂向位移实时监测及预警。

（5）鉴于传统的建筑塔式起重机安全监控系统尚未使用卫星定位测量型模块传感器或仅利用卫星定位伪距观测量的低精度监控服务技术，难以满足建筑塔式起重机精准监控的应用需求，开发了一种利用卫星定位载波相位观测量的高精度监控服务技术，基于卫星定位智能监控模型与方法，给出单历元智能监控的数学模型和方法流程，然后，基于云端服务器技术和 5G 移动通信技术，从系统总体设计、系统硬件装置和系统软件开发等方面，基于 Visual Studio 2010 平台，利用 C♯编程语言，研制了一种基于卫星定位的建筑塔式起重机智能监控装置与云端系统（GNSS_TCMS）。实验结果表明：GNSS_TCMS 智能监控平面精度优于 2cm、臂水平长度精度优于 2cm、高程精度优于 4cm。所提出的算法可为建筑塔式起重机精准监控提供一种高精度卫星定位实时智能算法，所研制的装置及云端系统可用作建筑塔式起重机智能监控云端在线精细化管理平台，验证了 GNSS_TCMS 实验系统的工程应用潜力。

7.2 创新点与特色

（1）设计了单历元 DC 算法的扩展思路，提出了新的扩展单历元 DC 算法，包括 C_DC 算法、R_DC 算法和 E_DC 算法，并给出了扩展 DC 算法满足的特征条件。

（2）考虑 BDS 系统具有多个频率信号（B1I、B3I、B2a、B2b 和 BIC）特点，提出了一种适用于 BDS 系统的高频数据单历元 $\nabla\Delta N$ 快速确定算法（简称为 BDS_DUFCOM 方法），并顾及 BDS 系统的导航卫星属于混合星座（GEO、IGSO、MEO），进而提出了一种适用于 BDS 系统的高频数据单历元 $\nabla\Delta N$ 快速确定算法（简称为 BDS_FARSE 方法）。

（3）发明创造了一系列智能监控卫星定位方法及装置技术，为建筑塔式起重机智能监控技术提供一种全新的高精度卫星定位解决思路。

（4）提出了一种基于历元位置偏差的塔顶位置三维位移检测参数及预警参数构造方法，从检测参数设计和预警参数设计两个角度建立了一种基于卫星定位的建筑塔式起重机塔顶位置智能检测预警模型，开发了一种建筑塔式起重机塔顶位置卫星定位智能检测预警技术。

（5）提出了一种基于历元位置偏差的臂尖垂向位移监测参数及预警参数构造方法，从监测参数设计和预警参数设计两个角度建立了一种基于卫星定位的建筑塔式起重机臂尖位置动态监测预警模型，开发了一种建筑塔式起重机臂尖位置卫星定位动态监测预警技术。

（6）开发一种建筑塔式起重机用卫星定位载波相位观测值的高精度智能监控服务技术，从系统总体设计、系统硬件装置和系统软件开发等方面，研制了基于卫星定位的建筑塔式起重机智能监控装置与云端系统，为建筑塔式起重机安全监控提供一种云端在线精细化管理实验平台。

7.3 研究展望

经过作者的努力，本书在相关的研究内容中取得了一些关键性的研究成果的同时，还有许多工作需要进一步完善和深入研究：

（1）因受建筑塔式起重机塔身最大挠度、塔身材质等多种综合因素的影响，预警临界系数 k 和垂直度预警系数 m 的精确确定有待深入研究，后续将从提示、预警、断电报警等三个等级建立预警系数确定机制。

（2）从检测/监测参数设计和预警参数设计两个角度设计的基于卫星定位的建筑塔式起重机塔顶/臂尖位置检测/监测预警模型是处于一般性的实验环境下构建的，下一阶段将重点研究在复杂载荷状态下进行基于卫星定位的建筑塔式起重机动态监测预警模型设计和改进。

（3）如何对 GPS、GLONASS、BDS、Galieo、QZSS 和 IRNSS 及其紧组合集成的卫星定位高频数据单历元监控算法的研究将是一个重要研究方面和热点问题。

（4）GNSS_TCMS 系统进一步开发与完善。本书着力于开发的 GNSS_TCMS 系统主要功能模块目前初步具备工程应用能力，后续还需要对 GNSS_TCMS 系统作进一步的开发与完善，集成其他传感器数据构成众源数据融合并扩展系统功能，增强系统稳定性和可靠性。

参 考 文 献

[1] 张建荣，张伟，薛楠楠，等. 基于随机森林算法的塔式起重机安全事故预测及致因分析[J]. 安全与环境工程，2021，28(5)：36-42.

[2] 张阳. 建筑结构施工安全智能化监测关键技术研究[D]. 大连：大连理工大学，2020.

[3] 刘晨，孙世梅，赵寅杰，等. 2016—2020 年建筑塔式起重机事故统计分析[J]. 工业安全与环保，2022，48(3)：53-55，63.

[4] 欧壮壮. 基于 ANSYS 的塔式起重机健康监测辅助系统研究[D]. 济南：山东建筑大学，2022.

[5] 张充，赵挺生，蒋灵，等. 塔式起重机结构安全监测参数选取及测点布置[J]. 中国安全科学学报，2021，31(8)：112-118.

[6] 周庆辉，刘浩世，刘耀飞，等. 基于改进 LVQ 算法的塔式起重机运行状态检验[J]. 机电工程，2022，39(11)：1636-1642.

[7] 王祥，陈志梅，邵雪卷，等. 基于滑模自抗扰控制的变绳长塔机防摆控制[J/OL]. 机电工程：1-9[2022-11-30]. http：//kns. cnki. net/kcms/detail/33. 1088. TH. 20221026. 1427. 012. html.

[8] 郑宏远，卢宁，宋鹏程，龚涛. 智能塔式起重机关键技术研究[J/OL]. 机电工程：1-10[2022-11-30]. http：//kns. cnki. net/kcms/detail/33. 1088. TH. 20221008. 1216. 006. html.

[9] 韩亚鹏，周继红，王爱红，等. 塔式起重机结构应力谱快速获取方法[J]. 机械设计与研究，2022，38(4)：202-207.

[10] 韦晨阳，丁江民，马思群，付宇彤，张宁博. 单臂塔式起重机塔身碰撞研究[J]. 大连交通大学学报，2022，43(4)：77-81.

[11] 薛宝川，赵文涛，刘新杰. 建筑施工起重机械的安全管理探讨[J]. 建筑安全，2021，36(8)：10-12.

[12] 张远念. 高层建筑塔式起重机软弱基础加固技术研究[J]. 工程机械与维修，2021(3)：180-182.

[13] 杨帆. 建筑工程塔式起重机的故障分析及结构改进方法研究[J]. 建筑技术开发，2021，48(1)：125-126.

[14] 张伟，廖阳新，蒋灵，等. 基于物联网的塔式起重机安全监控系统[J]. 中国安全科学学报，2021，31(2)：55-62.

[15] 吕明灯，刘龙龙，彭伟豪，等. 多阵风地区塔式起重机抗风措施应用与研究[J]. 建筑技术开发，2021，48(16)：76-78.

[16] 赵显亮，张宝龙. 塔式起重机使用单位易忽视的隐患及预控措施[J]. 建筑安全，2021，36(6)：10-11.

[17] 顾雯雯，王丹. 基于嵌入式系统的起重机倾角检测装置[J]. 起重运输机械，2021(13)：68-71.

[18] 肖辉，李超，杨代云. 建筑塔式起重机的故障分析和结构改进方法[J]. 科技视界，2020(5)：123-125.

[19] 董明晓，梁立为，冯润辉，杜鑫宇，张树文. 基于 ANSYS 的平头塔式起重机起重臂挠度与静应力分析[J]. 中国工程机械学报，2020，18(6)：471-474.

[20] 刘海龙，张敏三，吴海波，等. 基于北斗卫星定位技术的塔机群在线监控与控制系统[J]. 科学技术创新，2017(33)：29-30.

[21] 王平春，邵光强，鞠逸，等. "安全监控＋可视化"技防系统提升群塔作业安全的应用研究[J]. 绿色科技，2016(8)：105-107.

[22] 陶阳，谷立臣. 塔式起重机防碰撞监控系统研究[J]. 建筑机械化，2020，41(9)：50-53.

[23] 彭浩，毛义华，苏星. 基于平行系统理论的塔式起重机监管系统设计与应用[J]. 施工技术，2020，49(24)：19-23，46.

[24] 解中鑫，张光尧，张严方. 智能塔式起重机运行监控施工技术研究[J]. 智能建筑与智慧城市，2020，(8)：109-110.

[25] 刘立国. 基于DSP处理器＋CAN总线的塔式起重机群塔防碰撞系统[J]. 起重运输机械，2020(7)：72-74.

[26] 宋红景，常攀龙. 基于Lora通信的塔吊三维空间防碰撞算法研究[J]. 铁路技术创新，2020，(5)：124-128.

[27] 孙缙环，李佳伦，郑佳蕊. 建筑工程塔式起重机施工安全监督管理[J]. 城市住宅，2019，26(11)：171-172.

[28] 褚士超. 浅析塔式起重机检测中的几个关注要点[J]. 中国设备工程，2019，(4)：92-93.

[29] 高广君. 台风受损的高层建筑塔式起重机高空拆除与风险控制[J]. 科技创新与应用，2019，(5)：101-102.

[30] 刘智，秦昊，林利彬. 基于NB-IoT塔机监测系统的设计[J]. 工业控制计算机，2019，32(5)：23-25.

[31] 王冬，秦晓光. 建筑工程机械管理中GPS塔机远程定位系统的应用研究[J]. 装备维修技术，2019，(3)：176，52.

[32] 张大斌. 建筑塔机较大事故分析及防治措施研究[J]. 安徽工程大学学报，2019，34(3)：85-89.

[33] 段海，杨晓毅，杨明杰，等. 基于BIM系统的塔式起重机及移动设备群落管理研究与应用[J]. 施工技术，2019，48(10)：49-51.

[34] 周海燕，张浩强，陈同琦，等. 基于GPS-RTK的塔吊自动化控制与监控系统[J]. 电脑知识与技术，2019，15(5)：266-267.

[35] 何文豪. 塔式起重机智能控制系统研究与应用[D]. 徐州：中国矿业大学，2019.

[36] 张明展. 基于"互联网＋"的全过程塔机安全监控系统研究[J]. 建筑安全，2018，33(1)：14-17.

[37] 吕军，吴海建，齐国强，等. 塔吊在线安全监控系统的研究[J]. 物联网技术，2018，8(8)：68-71.

[38] 何永超. 成像技术遥控塔式起重机的利弊及施工设备平台GPS集成模块的应用[J]. 时代农机，2017，44(3)：236，238.

[39] 马禾耘，乐智君，曹小均，等. 塔机安全监控系统的发展与应用[J]. 建筑机械化，2017，38(8)：47-49.

[40] 陈勇. 基于WEB的塔式起重机安全监测系统探索[J]. 工程建设与设计，2017，(5)：156-157，160.

[41] 贺凌云. 建筑施工塔式起重机安全管理知识库研究[D]. 武汉：华中科技大学，2019.

[42] 亢荣凯. 建筑塔式起重机存在问题的思考[J]. 工程技术研究，2017，(4)：92，101.

[43] 周命端，罗德安，丁克良，等. 建筑塔机吊装作业GNSS精准定点放样[J]. 测绘通报，2019，(11)：60-63.

[44] 李西平，谷立臣，寇雪芹. 基于超声时序神经网络目标识别的塔机安全预警[J]. 中国机械工程，2016，27(16)：2190-2195.

[45] 马松龄. 塔式起重机运行状态监控系统研究[D]. 西安：西安建筑科技大学，2005.

[46] D Zhong, H Lv, J Han, et al. A practical application combining wireless sensor networks and inter-

net of things：safety management system for tower crane groups ［J］．Sensors，2014，14（8）：13794-814.

[47] Y Li，C Liu. Integrating field data and 3D simulation for tower crane activity monitoring and alarming［J］．Automation in Construction，2012，27（11）：111-119.

[48] JP Sleiman，E Zankoul，H Khoury，F Hamzeh. Sensor-based planning tool for tower crane anti-collision monitoring on construction sites［C］．Construction Research Congress，2016：2624-2632.

[49] 李超. 塔式起重机远程虚拟监控建模与运行可视化研究[D]. 上海：上海交通大学，2011.

[50] Jiming Guo，Mingduan Zhou，Junbo Shi and Changjun Huang. The simulation experiments of safety monitoring for construction crane group based on GPS single-epoch solution[C]. 2nd Joint International Symposium on Deformation Monitoring，9-11 September 2013，Nottingham，UK.

[51] 邱兰馨，黄樟钦，梁笑轩. RFID 标签位置感知技术综述[J]. 计算机应用研究，2017，34(12)：3521-3526.

[52] LIEBHERR. The Litronic crane controlsystem ［J］．Journal of Construction Engineering and Management，1997，(10)：124-128.

[53] 余向阳. 基于 GPRS 的塔式起重机远程监测系统的设计与实现[D]. 长沙：湖南大学，2012.

[54] 阎玉芹. 塔式起重机钢结构健康监测技术与实验研究[D]. 济南：山东大学，2011.

[55] FN Koumboulis，ND Kouvakas，GL Giannaris et al. Independent motion control of a tower crane through wireless sensor and actuator networks ［J］．Isa Transactions，2016，60：312.

[56] 汪伟，郭际明，巢佰崇，等. GPS 在动态监测大坝施工塔吊运行防碰撞中的应用[J]. 地理空间信息，2005，3(6)：29-31.

[57] SH Yun，P Changwook，L Ghang et al. A study on a method for tracking lifting paths of a tower crane using GPS in the BIM environment ［J］．Journal of the Architectural Institute of Korea Structure & Construction，2008，24(6)：163-170.

[58] Maghzi，Salar. Improved tower cranes operation using integrated 3D BIM model and GPS technology ［D］．Masters thesis，Concordia University，2014.

[59] J. M. Guo，M. D. Zhou，J. B. Shi and C. J. Huang. FARSE scheme for single epoch GPS solution based on DUFCOM and DC algorithm and its performance analysis ［J］．Survey Review，2014，Vol 46，No 339：426-431.

[60] Shen Yunzhong，Li Bofeng. Regularized solution to fast GPS ambiguity resolution ［J］．Journal of Surveying Engineering，2007，133(4)：168-172.

[61] 李博峰，沈云中. 附有约束条件的 GPS 模糊度快速解算[J]. 武汉大学学报(信息科学版)，2009，34(1)：117-121.

[62] Hatch R. Instantaneous Ambiguity Resolution ［C］．Proceedings of KIS90，Banff，Canada，1990.

[63] Frei E，Beulter G. Rapid static positioning based on the fast ambiguity resolution approach FARA：theory and first results ［J］．Manusca Geod，1990，15：326-356.

[64] Teunissen P J G. A eew method for fast carrier phase ambiguity estimation ［C］．IEEE PLANS'94，Las Vegas，1994.

[65] XW Chang，X Yang，T Zhou. MLAMBDA：a modified LAMBDA method for integer least-squares estimation ［J］．Journal of Geodesy，2005，79(9)：552-565.

[66] S Verhagen，B Li，PJG Teunissen. Ps-LAMBDA：Ambiguity success rate evaluation software for interferometric applications ［J］．Pergamon Press，Inc.，2013，54(4)：361-376.

[67] 刘星，李川，石明旺，等. 卡尔曼滤波算法的 GPS 双差观测值周跳探测与修复[J]. 测绘科学，2018，43(1)：1-6.

［68］ Cross P. A，Chen Wu，Tu Y，Ambiguity resolution for rapid GPS relative positioning［C］. Proceedings of CONSAS，South Africa，1993.

［69］ Pratt M，Burke B，Misra P. Single-epoch integer ambiguity resolution with GPS-GLONASS L1-L2 Data［C］. ION GPS-98，Nashville，Tennessee，USA，1998.

［70］ Sjoberg L E. A new method for GPS base ambiguity resolution by combined phase and code observables［J］. Survey Review，1998，34(268)：363-372.

［71］ 孙红星，李德仁. 使用双频相关法单历元解算 GPS 整周模糊度［J］. 测绘学报，2003，32(3)：208-212.

［72］ 王新洲，花向红，邱蕾. GPS 变形监测中整周模糊度解算的新方法［J］. 武汉大学学报(信息科学版)，2007，32(1)：24-26.

［73］ 陈炳权，何凯，刘宏立. 附有约束条件的整周模糊度解算［J］. 计算机工程与应用，2014，50(17)：210-213.

［74］ C Deng，W Tang，J Liu et al. Reliable single-epoch ambiguity resolution for short baselines using combined GPS/BeiDou system［J］. GPS Solutions，2014，18(3)：375-386.

［75］ S Wang，J Deng，X Lu，Z Song et al. A new GNSS single-epoch ambiguity resolution method based on triple-frequency signals［J］. ISPRS International Journal of Geo-Information，2017，6(2)：46.

［76］ 张书毕，刘鑫，宋冰，等. 附有约束的 BDS 单频单历元改进型 Par Lambda 算法［J］. 中国矿业大学学报，2017，46(1)：201-207.

［77］ 杨阳阳. GNSS 动态定位中附有约束条件的整周模糊度解算［D］. 西安：长安大学，2017.

［78］ 李征航，刘万科，楼益栋，等. 基线双频 GPS 数据的单历元定向算法研究［J］. 武汉大学学报(信息科学版)，2007，32(9)：753-756.

［79］ 国家市场监督管理总局. 塔式起重机安全监控系统及数据传输规范：GB/T 37366—2019［S］. 北京：中国标准出版社，2019.

［80］ 王坚，张安兵. 卫星定位原理与应用［M］. 北京：测绘出版社，2017.

［81］ 周命端，郭际明，吕京国. 建筑塔式起重机智能指挥防碰撞预警系统开发与应用［M］. 北京：中国建筑工业出版社，2018.

［82］ Teunissen P J G，de Jong P J，Tiberius CCJM. The least-squares ambiguity decorrelation adjustment：Its performance on short GPS baselines and short observation spans［J］. Journal of Geodesy，1997，71：589-602.

［83］ Jonge P D，Tiberius C. The LAMBDA method for integer ambiguity estimation：implementation aspects［J］. No of Lgr Series，1998.

［84］ Chang X W，YangX，Zhou T. MLAMBDA：a modified LAMBDA method for integer least-squares estimation［J］. Journal of Geodesy，2005，79(9)：552-565.

［85］ Verhagen S，Li B，Teunissen PJG. LAMBDA-Matlab implementation，version 3. 0［R］. Delft：Delft University of Technology and Curtin University，2012.

［86］ TAKASU T. RTKLIB：an open source program package for GNSS positioning［EB/OL］. (2013-04-29)［2022-11-26］. http：//www. rtklib. com/.

［87］ 丁鑫，陶庭叶，陶征广，等. RTKLIB 软件结构及调用方法［J］. 导航定位学报，2020，8(4)：93-99.

［88］ 中华人民共和国住房和城乡建设部. 卫星定位城市测量技术标准：CJJ/T 73—2019［S］. 北京：中国建筑工业出版社，2019.

［89］ 周命端. GNSS 单历元双差整周模糊度快速确定方法［P］. 中国：ZL202010599437.7，2020 年 6 月 28 日.

［90］ 周命端. GNSS 单历元双差整周模糊度解算检核方法、接收机和塔吊机［P］. 中国：CN2020105992812，2020 年 06 月 28 日.

［91］ 周命端，付静弘怡，师佳艺，等. 建筑塔式起重机塔顶三维动态检测与分级预警装置［P］. 中国：ZL202010142144.6，2020 年 03 月 04 日.

［92］ 周命端，杨天宇，郭明，等. 建筑施工塔吊机的 GNSS 塔臂健康监测预警系统和方法［P］. 中国：ZL201711234776.X，2017 年 11 月 30 日.

［93］ 周命端，张文尧，马博泓，等. 基于卫星定位的建筑塔式起重机臂尖监测方法及系统［P］. 中国：ZL201911275713.8，2019 年 12 月 12 日.

［94］ 周命端，周乐皆，谢贻东，等. 一种建筑塔机横臂位置精准定位可靠性验证方法［P］. 中国：ZL201910781843.2，2019 年 08 月 23 日.

［95］ 周命端，谢贻东，周乐皆，等. GNSS 精准定位建筑塔机横臂位置的可靠性验证方法［P］. 中国：ZL202110635349.2，2021 年 06 月 08 日.

［96］ 周命端，杜明义，周乐皆，等. 建筑施工塔式起重机及吊钩定位系统［P］. 中国：ZL201810360792.1，2018 年 4 月 20 日.

［97］ 周命端，杜明义，周乐皆，等. 一种基于 GNSS 的塔机吊钩定位方法［P］. 中国：ZL201810362613.8，2018 年 4 月 20 日.

［98］ 周命端，杜明义，周乐皆，等. 一种利用 GNSS 定位吊钩的方法［P］. 中国：ZL202010459090.6，2020 年 05 月 27 日.

［99］ 周命端，王坚，丁克良，等. 建筑塔机及其吊钩位置精准定位可靠性验证系统［P］. 中国：ZL201910781855.5，2019 年 08 月 23 日.

［100］ 北京市建设委员会. 施工现场塔式起重机检验规则：DB 11/611—2008［S］. 北京：中国标准出版社，2009.

［101］ 陈强强. 基于 GPS 的塔类结构变形远程动态监测系统研究［D］. 杭州：杭州电子科技大学，2018.

［102］ 王坚，张安兵. 卫星定位原理与应用［M］. 北京：测绘出版社，2017.

［103］ WANG Wei，GUO Jiming，CHAO Baichong，et al. Safety monitoring for dam construction crane system with single frequency GPS receiver［C］//The VI Hotine-Marussi International Symposium on Theoretical and Computational Geodesy，Wuhan University，29 May-2 June，2006，212-215.

［104］ YI T.，LI H.，GU M. Recent research and applications of GPS-based monitoring technology for high-rise structures［J］. Struct. Control Health Monit.，2013，20（5）：649-670.

［105］ SEOK Been Im，STEFAN Hurlebaus，YOUNG Jong kang，Summary review of GPS technology for structural health monitoring［J］. Journal of Structural engineering，2013，139（10）：1653-1664.

［106］ VAZQUEZ B G E，GAXIOLA-CAMACHO J R，BENNETT R，et al. Structural evaluation of dynamic and semi-static displacements of the Juarez Bridge using GPS technology［J］. MEASRMENT，2017，110：146-153.

［107］ 张立强，陆念力，李以申. 复杂荷载作用下塔式起重机塔身非线性变形的理论精解及实用算式［J］. 建筑机械，1995，（9）：10-12.

［108］ 宋世军，程录波，李蕾，等. 塔式起重机塔身顶端轨迹特征研究［J］. 起重运输机械，2014，（6）：49-53.

［109］ 杜赫，高崇仁，殷玉枫. 非均布风载荷作用下塔式起重机塔身非线性变形的计算［J］. 建筑机械，2017，（3）：47-53.

［110］ 高斌. 塔式起重机垂直度的测量与控制［J］. 建筑机械化，2014，（8）：78-80.

［111］ 中华人民共和国国家标准化管理委员会. 塔式起重机：GB/T 5031—2019［S］. 北京：中国标准出

版社，2019.

[112] 周命端，鲍宏伟，张钰琛，等. 建筑塔式起重机精准管控系统[Z]. 中国：2019SR0793576，[出版社不详]，2019.

[113] 周命端，张文尧，马博泓，等. 建筑塔机塔顶 GNSS 智能检测模型设计[J]. 测绘科学，2021，46(7)：1-6，14.

[114] 李征航，黄劲松. GPS 测量与数据处理(第三版)[M]. 武汉：武汉大学出版社，2016.

[115] 周命端，罗德安，丁克良，等. 建筑塔式起重机吊装作业 GNSS 精准定点放样[J]. 测绘通报，2019(11)：60-63.

[116] 白正伟，张勤，黄观文，等. "轻终端＋行业云"的实时北斗滑坡监测技术[J]. 测绘学报，2019，48(11)：1424-1429.

[117] 周命端，张文尧，马博泓，等. 建筑塔机臂尖 GNSS 动态监测模型设计[J]. 测绘通报，2020，(8)：23-27.

[118] 宋宇宙，苏娟，何清. 塔式起重机在线无线远程监控系统设计[J]. 传感器与微系统，2012，31(2)：102-105.

[119] LIEBHERR. The Litronic crane control system [J]. Journal of Construction Engineering and Management，1997，(10)：124-128.

[120] 余向阳. 基于 GPRS 的塔式起重机远程监测系统的设计与实现[D]. 长沙：湖南大学，2012.

[121] 宋宇宙，苏娟，何清. 塔式起重机在线无线远程监控系统设计[J]. 传感器与微系统，2012，31(2)：102-105.

[122] 陈娜娜，周益明，徐海圣，等. 基于 GPRS 的水产养殖环境无线监控系统的设计[J]. 传感器与微系统，2011，30(3)：108-110.

[123] 余向阳，苏娟，宋宇宙，等. 基于 GPRS 的塔式起重机实时监测系统的设计与实现[J]. 传感器与微系统，2012，31(6)：90-93.

[124] 卢剑锋，张斌. 基于 OCS 的塔式起重机安全监控系统设计研究[J]. 机械与电子，2013，(4)：28-30.

[125] 李华政，廖爱军，赵聪，等. 基于物联网的塔式起重机监管系统设计[J]. 建筑机械化，2016，(2)：38-40.

[126] 周命端，罗德安，丁克良，等. 建筑塔式起重机吊装作业 GNSS 精准定点放样[J]. 测绘通报，2019，(11)：60-63.

[127] 李征航，黄劲松. GPS 测量与数据处理(第三版)[M]. 武汉：武汉大学出版社，2016.

[128] 刘光毅，方敏，关皓. 5G 移动通信：面向全连接的世界[M]. 北京：人民邮电出版社，2019.

[129] 方书山，章传银，秘金钟. NMEA-0813 格式数据流解析的一种实用方法[J]. 测绘通报，2013，(11)：114-116.

[130] 王坚，张安兵. 卫星定位原理与应用[M]. 北京：测绘出版社，2017.

[131] 郭际明，周命端，谢翔，章迪. 利用 DUFCOM 和 DC 算法的 GPS 单历元双差整周模糊度快速确定算法[J]. 武汉大学学报(信息科学版)，2013，38(7)：813-817.

[132] 郭际明，周命端，黄长军，伍孟琪. GPS 整周模糊度单历元 DUFCOM 方法扩展及定位解精度研究[J]. 武汉大学学报(信息科学版)，2013，38(10)：1221-1224.

[133] J. M. Guo，M. D. Zhou，J. B. Shi and C. J. Huang. FARSE scheme for single epoch GPS solution based on DUFCOM and DC algorithm and its performance analysis [J]. Survey Review，2014，46(339)：426-431.

[134] 周命端，鲍宏伟，张钰琛，等. 建筑塔式起重机精准管控系统[简称：TCMS][Z]：中国：2019SR0793576，2019 年 7 月 31 日.

［135］ 中华人民共和国国家质量监督检验检疫总局. 塔式起重机设计规范 GB/T 13752—2017［S］. 北京：中国标准出版社，2017.

［136］ 中华人民共和国国家质量监督检验检疫总局. Design rules for tower cranes GB/T 13752—2017［S］. Beijing：Standards Press of China，2017.

［137］ 周命端，郭际明，吕京国. 建筑塔式起重机智能指挥防碰撞监控预警系统开发与应用［M］. 北京：中国建筑工业出版社，2018.

［138］ 郭际明，周命端，谢翔，等. 利用 DUFCOM 和 DC 算法的 GPS 单历元双差整周模糊度快速确定算法［J］. 武汉大学学报（信息科学版），2013，38(7)：813-817.

［139］ GUO Jiming，ZHOU Mingduan，XIE Xiang，et al. A fast algorithm of GPS single epoch ambiguity resolution based on DUFCOM and DC algorithms［J］，Geomatics and Information Science of Wuhan University，2013，38(7)：813-817.

［140］ 郭际明，周命端，黄长军，等. GPS 整周模糊度单历元 DUFCOM 方法扩展及定位解精度研究［J］. 武汉大学学报（信息科学版），2013，38(10)：1221-1224.

［141］ 周命端，郭际明，吕京国. 建筑塔式起重机智能指挥防碰撞监控预警系统开发与应用［M］. 北京：中国建筑工业出版社，2018.

［142］ 郭际明，周命端，谢翔，章迪. 利用 DUFCOM 和 DC 算法的 GPS 单历元双差整周模糊度快速确定算法［J］. 武汉大学学报（信息科学版），2013，38(7)：813-817.

［143］ 郭际明，周命端，黄长军，伍孟琪. GPS 整周模糊度单历元 DUFCOM 方法扩展及定位解精度研究［J］. 武汉大学学报（信息科学版），2013，38(10)：1221-1224.

［144］ J. M. Guo，M. D. Zhou，J. B. Shi and C. J. Huang. FARSE scheme for single epoch GPS solution based on DUFCOM and DC algorithm and its performance analysis［J］. Survey Review，2014，Vol 46，No 339：426-431.

［145］ 周命端，鲍宏伟，张钰琛，等. 建筑塔式起重机精准管控系统［简称：TCMS］［Z］. 中国：2019SR0793576，2019 年 7 月 31 日.

［146］ Teunissen P J G. Least-squares estimation of the integer GPS ambiguities［C］//Invited lecture，section Ⅳ theory and methodology，IAG general meeting，Beijing，China. 1993：1-16.

［147］ 中国卫星导航系统管理办公室测试评估研究中心. 基本导航服务［EB/OL］. ［2022-12-02］. http//www. csno-tarc. cn/system/constellationll.